CAN DO! Learn CorelDRAW X6 the right way

CorelDRAW X6

铂金精粹版

超值全彩

CorelDRAW X6
中文版 从入门到精通

☞ 李笑寒 李 卓 胡广平 陈 尉 梁隐妍 / 主 编
☞ 张军玲 宋 洁 李列锋 李剑飞 / 副主编

U0345914

中国青年出版社
CHINA YOUTH PRESS

中青雄狮

图书在版编目（CIP）数据

CorelDRAW X6 从入门到精通：铂金精粹版 / 李笑寒等主编 .
— 北京：中国青年出版社，2014.3
ISBN 978-7-5153-2235-3
I. ① C… Ⅱ. ①李 … Ⅲ. ①图形软件 Ⅳ. ① TP391.41
中国版本图书馆 CIP 数据核字（2014）第 040039 号

CorelDRAW X6 从入门到精通（铂金精粹版）

李笑寒　李卓　胡广平　陈尉　梁隐妍 / 主编
张军玲　宋洁　李列锋　李剑飞 / 副主编

出版发行：中国青年出版社
地　　址：北京市东四十二条 21 号
邮政编码：100708
电　　话：（010）59521188 / 59521189
传　　真：（010）59521111
企　　划：北京中青雄狮数码传媒科技有限公司
责任编辑：张海玲
封面制作：六面体书籍设计　孙素锦

印　　刷：北京时尚印佳彩色印刷有限公司
开　　本：787×1092　1/16
印　　张：15
版　　次：2014 年 4 月北京第 1 版
印　　次：2014 年 4 月第 1 次印刷
书　　号：ISBN 978-7-5153-2235-3
定　　价：69.80 元（附赠 1DVD）

本书如有印装质量等问题，请与本社联系
电话：（010）59521188 / 59521189
读者来信：reader@cypmedia.com
如有其他问题请访问我们的网站：www.cypmedia.com

"北大方正公司电子有限公司"授权本书使用如下方正字体。
封面用字包括：方正粗雅宋简体，方正兰亭黑系列。

Preface 前 言

众所周知，CorelDRAW是一款优秀的矢量图形制作软件，其非凡的设计能力被广泛地应用于商标设计、标志制作、模型绘制、插图描画、排版及分色输出等诸多领域。因此，CorelDRAW受到了广大平面设计人员和电脑美术爱好者的追捧。

本书以平面设计软件CorelDRAW X6为写作蓝本，向读者全面阐述了平面设计中常见的操作方法与设计要领。书中从软件的基础知识讲起，从易到难循序渐进地对软件功能进行了全面论述。最后三章以综合应用案例的形式对CorelDRAW的热点应用进行了举例分析，以使读者更加明确未来工作的方向。正所谓要"授人以渔"，读者不仅可以掌握这款平面设计软件，还能利用它独立完成平面作品的创作。

全书共12章，各章内容介绍如下。

章　节	内　容
Chapter 01	主要介绍了CorelDRAW X6的操作界面、新增功能、页面属性的设置以及文件的导入/导出操作
Chapter 02	主要介绍了基本图形的绘制方法及技巧，包括直线、曲线、几何图形等
Chapter 03	主要介绍了对象颜色的填充以及颜色的精确设置操作等
Chapter 04	主要介绍了图形对象的复制、再制、撤销等基本操作，还讲解了变换对象的操作以及文本与对象的查找、替换操作等
Chapter 05	主要介绍了文本段落的编辑操作，如输入文本、编辑文本、链接文本等
Chapter 06	主要介绍了图形特效的应用，包括交互式调和效果、交互式轮廓图效果、交互式变形效果、交互式封套效果等
Chapter 07	主要介绍了位图的导入、转换、编辑等操作，同时还对位图的色彩调整操作进行了介绍
Chapter 08	主要介绍了滤镜特效的知识，其中包括三维旋转滤镜、浮雕滤镜、卷页滤镜、艺术笔触滤镜、相机滤镜、轮廓图滤镜、扭曲滤镜等
Chapter 09	主要介绍了图像的打印输出操作，其中包括常规打印选项设置、布局设置、颜色设置及发布至PDF等
Chapter 10~12	为典型案例解析，分别介绍了文字的设计、广告语海报的设计、网页的设计，这几个方面均是CorelDRAW的典型应用。通过练习制作这些案例，读者可以熟练地掌握前面章节所介绍的知识内容，以实现学以致用的目的

本书内容知识结构安排合理，语言组织通俗易懂，在讲解每一个知识点时，附加以小应用案例进行说明。正文中还穿插介绍了很多细小的知识点，均以"知识链接"和"专家技巧"栏目体现。每章最后都安排有"设计师训练营"和"课后习题"两个栏目，以对前面所学知识加以巩固练习。此外，附赠的光盘中记录了典型案例的教学视频，以供读者模仿学习。

本书既可作为应用型本科、职业院校和培训班平面设计专业的教材，又可作为艺术设计工作者的自学用书。

本书在编写和案例制作过程中力求严谨细致，但由于水平和时间有限，疏漏之处在所难免，望广大读者批评指正。我的邮箱是itbook2008@163.com。

作 者

Contents

目 录

Chapter 01

初识CorelDRAW X6

Chapter

绘制图形

Chapter

填充图形

Chapter

04

编辑对象

Chapter 05

编辑文本

Chapter 06

图形特效的应用

Chapter 07

处理位图图像

Chapter 08

滤镜效果的应用

Chapter 09

输出图像

Chapter 10

文字设计案例解析

Chapter 11

广告设计案例解析

Chapter 12

网页设计案例解析

Appendix

附　录

Chapter 01

初识 CorelDRAW X6

作为一款优秀的矢量图设计软件，CorelDRAW被广泛应用于商业设计和美术设计，因其非凡的设计能力以及强大的矢量图处理功能，成为广大设计爱好者电脑中不可或缺的软件之一。本章我们先从最基本的知识讲起，对CorelDRAW有一个初始的认识。主要认识CorelDRAW X6的操作界面以及页面属性的设计等内容。

重点难点

● CorelDRAW X6工作界面

● 设置页面属性

● 文件的导入和导出

CorelDRAW X6 概述

CorelDRAW是Corel公司的一款优秀的平面设计软件；是非常强大的矢量图形制作工具软件，这个图形工具给设计师提供了矢量动画、页面设计、网站制作、位图编辑和网页动画等多种功能。

CorelDRAW包含两个绘图应用程序：一个用于矢量图及页面设计，一个用于图像编辑。这套绘图软件组合带给用户强大的交互式工具，使用户可创作出多种富于动感的特殊效果，并且点阵图像即时效果在简单的操作中就可得到实现——而不会丢失当前的工作。通过CorelDRAW的全方位设计及网页功能可以融合到用户现有的设计方案中，灵活性十足。

该软件套装更为专业设计师及绘图爱好者提供简报、彩页、手册、产品包装、标识、网页及其他；该软件提供的智慧型绘图工具以及新的动态向导可以充分降低用户的操控难度，允许用户更加容易精确地创建物体的尺寸和位置，减少点击步骤，节省设计时间。

经过多年的发展，其版本已更新至CorelDRAW X6，该版本更是以简洁的界面、稳定的功能夺得了千万用户的亲睐。

01　CorelDRAW X6的应用领域

CorelDRAW X6是Corel公司出品的矢量图形制作工具软件，该工具为设计师提供了广告设计、矢量动画、标志设计、插画设计等多种功能。下面将对常见的应用进行介绍。

1. 广告设计

广告的作用是通过各种媒介使更多的广告目标受众知晓产品、品牌，企业等相关信息，虽然表现手法多样，但其最终目的相同。观察下面的广告，不难看出，这些广告都经过CorelDRAW进行部分图像的绘制和相应的处理，呈现出和谐的矢量图像效果，同时具有艺术感。

2. 包装设计

包装设计是针对产品进行市场推广的重要组成部分。包装是建立产品与消费者联系的关键点，是消费者接触产品的第一印象，成功的包装设计在很大程度在促进产品的销售。下面两幅图像也是运用了CorelDRAW强大的绘图功能进行绘制的。

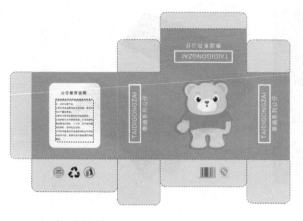

3．标志设计

标志设计是VI视觉识别系统设计中的一个关键点。标志是抽象的视觉符号，企业标志则是一个企业文化特质的图像表现，具有其象征性，下面3幅标志图像分别展示了严谨、唯美、可爱的企业文化，通过简洁的标志即可传递出不同的信息。

4．插画设计

插画和绘画是在设计中经常使用到的一种表现形式。这种结合电脑的绘图方式很好地将创意和图像进行结合，为我们带来了更为震撼的视觉效果。下面的插画设计作品展示了时下流行的新型插画风格，以鲜明的颜色进行堆积，形成饱和的画面视觉效果。

5．书籍装帧设计

书籍装帧设计与包装设计有相似之处，书籍的封面越是精美，越能抓住观者的目光，起到引人注意的效果。书籍的封面设计只是装帧设计的一部分，书籍中的版式设计则可以帮助读者轻松地阅读文字，组织出合理的视觉逻辑。

02 CorelDRAW X6 新功能介绍

CorelDRAW X6在以前的版本上新增了许多功能，包括工具、颜色管理和Web图形等。下面将介绍CorelDRAW X6版本中一些重要的新功能和新特性。

1．工具方面

选择工具中新增了手绘选择工具。

形状编辑类工具组新增34个新工具，分别为涂抹工具、转动工具、吸引工具和排斥工具，如右图所示。

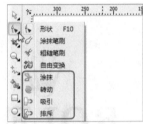

2．泊坞窗方面的增强与改进

新增对象样式泊坞窗和颜色样式泊坞窗，如右图所示。

3．菜单方面

"视图"菜单中新增了"页面排序器视图"命令，使用该功能可以将多页文件横向或纵向排列，如下左图所示，它类似于AI中的画板排列功能。

"布局"菜单中新增了"插入页码"和"页码设置"命令，分别如下中图、右图所示。

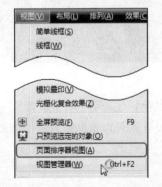

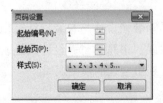

4．文件的输出

文件的设置更为详细，可以最大程度地优化当前图像信息，可在"导出到网页"和"导出到Office"对话框中进行相关设置，如下图所示。

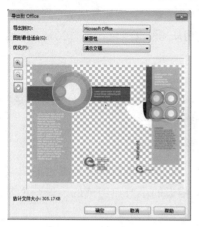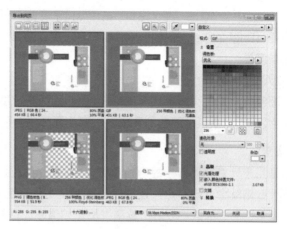

03 CorelDRAW X6的图像概念

在设计过程中，首先需要了解的就是图像的基本知识，其中包括颜色模式、像素、分辨率、矢量图、位图等概念。

1．颜色模式

颜色模式是图像色调显示效果的一个重要概念，它是色值的表达方式。CorelDRAW X6提供的颜色模式包括RGB模式、CMYK模式、HSB模式、LAB模式、索引模式、位图模式、灰度模式和双色调模式等。下面将对常见的几种模式进行介绍。

（1）RGB模式

RGB模式是色光的色彩模式。R代表红色，G代表绿色，B代表蓝色，三种色彩叠加形成了其他的色彩。在RGB模式中，由红、绿、蓝相叠加可以产生其他颜色，因此该模式也叫加色模式。所有显示器、投影设备以及电视机等等许多设备都是依赖于这种加色模式来实现。

RGB模式不适用于打印，因为RGB模式所提供的有些色彩已经超出了打印的范围，因此在打印一幅真彩色的图象时，就必然会损失一部分亮度，并且比较鲜艳的色彩肯定会失真。

（2）CMYK模式

当阳光照射到一个物体上时，这个物体将吸收一部分光线，并将剩下的光线进行反射，反射的光线就是我们所看见的物体颜色，因此这是一种减色色彩模式。我们看物体的颜色时用到了这种减色模式，在纸上印刷时也是应用的这种减色模式。按照这种减色模式，就衍变出了适合印刷的CMYK色彩模式。CMKY模式主要用于印刷，印刷就是采用色光递减的方法来产生万千色彩的，因此也叫减法呈色。

CMKY模式由青（Cyan）、洋红 （Magenta）、黄 （Yellow）和黑色（Black）四种颜色组成。在实际使用中，青色、洋红色和黄色很难叠加形成真正的黑色，因此才引入了黑色。黑色的作用是强化暗调，加深暗部色彩。

（3）HSB模式

HSB模式是指根据颜色的色度、饱和度和亮度来构成颜色的。

- 色相（Hue）是从物体反射或透过物体传播的颜色。在 0 到 360 度的标准色轮上，按位置度量色相。在通常的使用中，色相由颜色名称标识，如红色、橙色或绿色。
- 饱和度（Saturation）是指颜色的强度或纯度。饱和度表示色相中灰色分量所占的比例，它使用从 0%（灰色）至 100%（完全饱和）的百分比来度量。在标准色轮上，饱和度从中心到边缘递增。
- 亮度（Brightness）是颜色的相对明暗程度，通常使用从 0%（黑色）至 100%（白色）的百分比来度量。

（4）LAB模式

Lab 颜色模式是由亮度或光亮度分量（L）和两个色度分量组成。两个色度分量分别是A分量（从绿色到红色）和B分量（从蓝色到黄色）。它主要影响着色调的明暗。

2. 像素

像素是用于计算数码影像的一种单位，如同拍摄的照片，数码影像也具有连续性的浓淡色调。若把影像放大数倍就会发现，这些连续色调其实是由许多色彩相近的小方点组成的。这些小方点即构成影像的最小单位——像素。分辨率越高，图像越清晰，色彩层次越丰富。

3. 分辨率

分辨率是用于度量位图图像内像素多少的一个参数。包含的数据越多，图像文件也就越大，此时图像表现出的细节就越丰富。同时，图像文件过大也会耗用更多的计算机资源，占用更多的内存和硬盘空间。常见的分辨率包括显示器分辨率和图像分辨率两种，在图像处理过程中所说的为图像分辨率，它是指图像中每单位长度所包含的像素数目，常以"像素/英寸"（ppi）为单位来表示，如300ppi表示图像中每英寸包含300个像素或点。同等尺寸的图像文件，分辨率越高，其所占的磁盘空间就越大，编辑和处理所需的时间也越长。

知识链接 其他常见分辨率介绍

显示器分辨率：是指显示器上每单位长度显示的像素或点的数目，常用点/英寸（dpi）为单位表示。
输出分辨率：输出分辨率又叫打印分辨率，指绘图仪、照排机或激光打印机等输出设备在输出图像时每英寸所产生的油墨点数。

4. 矢量图

矢量图是一种在放大后不会出现失真现象的图片，又被称作向量图。矢量图是使用一系列电脑指令来描述和记录的图像，由点、线、面等元素组成，记录对象的几何形状、线条粗细和色彩等信息。正是由于矢量图不记录像素的数量，所以在任何分辨率下，对矢量图进行缩放都不会影响它的清晰度和光滑度，均能保持图像边缘和细节的清晰感和真实感，不会出现图像虚糊或是锯齿状况。

如下图所示分别为原矢量图和局部放大后的对比效果，连续放大图像不会影响图像效果。

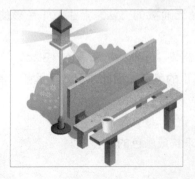 

5. 位图

位图又被称为点阵图，与像素有着密切的关系，其图像的大小和图像的清晰度是由图像中像素的多少决定的。像素具有各自的颜色信息，所以在编辑位图时，会针对图像的每个像素进行调整，从而达到更为精细和优化的调整效果。通过调整图像色相、饱和度和亮度调整图像像素，使其颜色更加丰富细腻。位图虽然表现力强、层次丰富，可以模拟出逼真的图片效果，但放大后会变得模糊，会出现马赛克现象，导致图像失真，如下图所示。

矢量图与位图相比，前者更能轻易地对图像轮廓形状进行编辑管理，但是在颜色的优化调整上却不及位图，颜色效果也不如位图丰富细致。CorelDRAW X6通过版本升级，强化了矢量图与位图的转换和兼容。

> **知识链接**　什么是色彩深度？
>
> 　色彩深度又叫色彩位数，即位图中要用多少个二进制位来表示每个点的颜色，是分辨率的一个重要指标。它是用来度量图像中有多少颜色信息可用于显示或打印像素，其单位是"位"。常用的颜色深度是1位（单色）、8位（256色）、24位和32位（真彩色）。

Section 02　CorelDRAW X6 的操作界面

CorelDRAW X6作为一款较为常用的矢量图绘制软件，被广泛地应用于平面设计的制作和矢量插图的绘制等领域。要熟练运用CorelDRAW X6绘制图形或结合图形进行处理等工具，首先应对其启动和退出的方法、工作界面、工作箱等知识有所了解。

01　CorelDRAW X6的启动和退出

启动CorelDRAW X6，可通过多种方法实现。可双击CorelDRAW X6图标运行该软件，还可通过单击任务栏中"开始"按钮，弹出级联菜单，若该菜单中显示有CorelDRAW X6图标，则选择该图标，即可启动该程序。

退出程序可直接单击界面右上角的"关闭"按钮，退出CorelDRAW X6，也可通过执行"文件＞关闭"命令退出程序。

02 CorelDRAW X6的工作界面

　　CorelDRAW X6与其他图形图像处理软件相似，同样拥有菜单栏、工具箱、工作区，状态栏等构成元素，但也有其特殊的构成元素。其工作界面如下图所示。

03 工具箱

　　默认状态下，工具箱以竖直的形式放置在工作界面的左侧，其中包含了所有用于绘制或编辑对象的工具。菜单列表中有的工具右下角显示有黑色的快捷键头，则表示该工具下包含了相关系列的隐藏工具。将鼠标光标移动至工具箱顶端，光标变为拖动光标即可将其脱离至浮动状态，如下图所示。

　　关于各工具的使用及功能介绍如下表所示。

序　号	名　称	图　标	功能描述
01	选择工具		用于选择一个或多个对象并进行任意的移动或大小调整，可在文件空白处拖动鼠标以框选指定对象
02	形状工具		用于调整对象轮廓的形态。当对象为扭曲后的图形时，可利用该工具对图形轮廓进行任意调整
03	裁减工具		用于裁减对象不需要的部分图像。选择某一对象后，拖动鼠标以调整裁减尺寸，完成后在选区内双击即可裁减该对象选区外的图像
04	缩放工具		用于放大或缩小页面图像，选择该工具后，在页面中单击以放大图像，右击以缩小图像
05	手绘工具		使用该工具在页面中单击，移动光标至任意点再次单击可绘制线段；按住鼠标左键不放，可绘制随意线条

序 号	名 称	图 标	功能描述
06	智能填充工具		可对任何封闭的对象包括位图图像进行填充，也可对重叠对象的可视性区域进行填充，填充后的对象将根据原对象轮廓形成新的对象
07	矩形工具		可绘制矩形和正方形，按住Ctrl键可绘制正方形，按住Shift键可以起始点为中心绘制矩形
08	椭圆形工具		可用于绘制椭圆形和正圆，设置其属性栏可绘制饼图和弧
09	多边形工具		可绘制多边形对象，设置其属性栏中的边数可调整多边形的形状
10	基本形状工具		可绘制CorelDRAW X6预设的形状，拖动图形的红色节点可调整形状
11	文本工具		使用该工具在页面中单击，可输入美术字；拖动鼠标设置文本框，可输入段落文字
12	表格工具		用于绘制表格对象，可通过设置绘制任意行列属性的表格
13	平行度量工具		用于度量对象的尺寸或角度
14	直线连接器工具		用于连接对象的锚点
15	调和工具		可对两个对象应用交互式调和效果。若两者分别为两种不同的颜色，则调和后的区域为渐变颜色效果
16	颜色滴管工具		X6版本的新增工具，主要用于取样对象中的颜色，取样后的颜色可利用填充工具对指定对象进行填充
17	轮廓笔工具		用于调整对象的轮廓状态，包括轮廓宽度和颜色等
18	填充工具		用于填充对象的颜色、图案和纹理等
19	交互式填充工具		利用交互式填充工具可对对象进行任意角度的渐变填充，还可进行适当调整

Section 03　调整合适的视图

在CorelDRAW X6中，有多种视图模式，可根据个人习惯或是需要进行调整。在页面视图预览上，也可根据具体情况进行调整，缩放视图页面以帮助查看图像整体或局部效果。设置和调整工作窗口的预览模式，也让图像编辑处理更加便捷。

01　图像显示模式

图像的显示模式包括多种形式，分类显示在"视图"菜单中。如下图所示分别是"增强"显示模式和"简单线框"显示模式效果。

02 文档窗口显示模式

在CorelDRAW X6中，若同时打开多个图形文件，可调整其窗口显示模式，将其同时显示在工作界面中，以方便图形的显示。

CorlDRAW X6为用户提供了层叠、水平平铺和垂直平铺3种窗口显示模式，在"窗口"菜单中选择相应的模式即可。如下两幅图所示分别为水平平铺和垂直平铺模式下的图像效果。对单幅图像而言，图形窗口的显示即为窗口的最大化和最小化，单击窗口右上角的"最小化"按钮■或"最大化按钮■可调整文档窗口的显示状态。

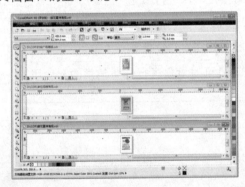 

03 预览显示

预览显示是将页面中的对象以不同的区域或状态显示，包括全屏预览、分页预览和指定对象预览。如右侧两幅图所示分别为选择图像和预览指定对象的效果。

04 辅助工具的设置

下面将对辅助工具的相关知识进行介绍。

1. 标尺

标尺能辅助用户在页面中绘图时进行精确的位置调整，同时也能重置标尺零点，以便用户对图形的大小进行观察。

通过执行"视图＞标尺"命令可在工作区中显示或隐藏标尺，也可在选择工具属性栏的"单位"下拉列表框中选择相应的单位以设置标尺。在标尺上右击，在弹出的菜单中选择"标尺设置"命令，打开"选项"对话框，从中可对标尺的具体情况进行设置，如右图所示。

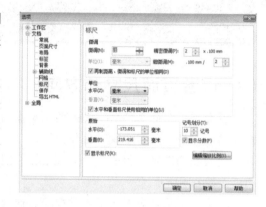

2. 辅助线

辅助线是绘制图形时非常实用的工具，可帮助用户对齐所需绘制的对象以达到更精确的绘制效果。

执行"视图＞辅助线"命令，可显示或隐藏辅助线（显示的辅助线不会一并被导出或打印）如下左图所示。

设置辅助线的方法是，打开"选项"对话框，单击"辅助线"的选项，即可对其显示情况和颜色等进行设置，如下右图所示。选择辅助线后按下Delete键可将其删除，也可执行"视图＞辅助线"命令将其隐藏。

3. 网格

网格是分布在页面中的有一定规律的参考线，使用网格可以对图像进行精确定位。

执行"视图＞网格"命令即可显示网格，也可以在标尺上右击，在弹出的菜单中选择"栅格设置"命令，打开"选项"对话框，从中对网格的样式、间隔、属性等进行设置，如右图所示。

Section 04 设置页面属性

设置页面属性是对图像文件的页面尺寸、版面和背景等属性进行设置，自定义页面的显示状态，用户可以创建一个自己比较习惯的工作环境。

01 设置页面尺寸和方向

新建空白图形文件后，若需要设置页面的尺寸，可执行"布局>页面设置"命令，打开"选项"对话框，此时自动选择"页面尺寸"选项，并显示相应的页面，如右图所示。

其中，可设置页面的纸张类型、页面尺寸、分辨率和出血状态等属性，也可以设置页面的方向。需要注意的是，还可单击属性栏中的"纵向"或"横向"按钮以快速切换页面方向。

02 设置页面背景

设置页面背景与设置页面尺寸一样，通过执行"布局>页面背景"命令打开相应对话框。一般情况下，页面的背景为"无背景"设置，用户可通过点选相应的单选按钮，可自定义页面背景。单击"浏览"按钮，可导入位图图像以丰富页面背景状态，如右图所示。

03 设置页面布局

设置页面布局是对图像文件的页面布局尺寸和对开页状态进行设置。通过执行"布局>页面设置"命令弹出对话框，在"选项"对话框中选择"布局"选项，显示出相应的页面。可通过选择不同的布局选项，对页面的布局进行设置，可直接更改页面的尺寸和对开页状态，便于在操作中进行排版，如右图所示。

文件的导入和导出

文件的导入和导出满足了我们对不同格式图片操作的需求，提高了作图速度。

01 导入指定格式图像

执行"文件＞导入"命令，在弹出的对话框中选择需要导入的文件并单击"导入"按钮，此时光标转换为导入光标，单击左键可直接将位图以原大小状态放置在该区域，通过拖动鼠标适当设置图像大小，最后将图像放在指定位置，如右图所示。

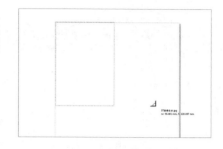

02 导出指定格式图像

导出经过编辑处理后的图像时，执行"文件＞导出"命令，在弹出的对话框中选择图像存储的位置并设置文件的保存类型，如JPEG、PNG或AI等格式。完成设置后单击"导出"按钮即可。

知识链接 常用文件格式

在平面设计领域中，常见的文件格式包括CDR、TIFF、JPEG、PNG、AI等，下面将对其进行简单介绍。

（1）CDR格式

CDR格式是CorelDraw中的一种图形文件格式。它是所有CorelDRAW应用程序中均能够使用的一种图形图像文件格式。

（2）PNG格式

PNG格式是被寄予厚望的明日之星，它结合了GIF与JPEG的特性，不但可以用破坏较少的压缩方式，而且可以制作出透明背景的效果，此外PNG图片还可以同时保留矢量图与文字信息。

PNG格式支持含一个单独Alpha通道的RGB和灰度模式、索引颜色、位图模式以及含Alpha通道信息的文件。

（3）JPEG格式

JPEG格式是一种压缩效率很高的存储格式。JPEG格式的最大特色就是文件比较小，可以进行高倍率的压缩，是目前所有格式中压缩率最高的格式之一。此格式的图像通常用于图像预览和一些超文本文档中（HTML文档）。但JPEG格式在压缩保存的过程中会以失真最小的方式丢掉一些肉眼不易察觉的数据。它是一种有损压缩格式，因而保存后的图像与原图有所差别，没有原图像质量好，因此印刷品最好不要用此图像格式。

（4）TIFF格式

TIFF格式也是一种应用非常广泛的图像文件格式，它是一种无损压缩格式，TIFF格式便于在应用程序之间和计算机平台之间进行数据交换。它支持包括一个Alpha通道的RGB、CMYK、灰度模式以及不含Alpha通道的Lab颜色、索引颜色、位图模式，并可以设置透明背景。

（5）BMP格式

BMP格式是一种Windows或OS2标准的位图式图像文件格式，它支持RGB、索引颜色、灰度和位图颜色模式，但不支持Alpha通道。由于该图像格式采用的是无损压缩，其优点是图像完全不失真，其缺点是图像文件的尺寸较大。

(6) AI格式

AI格式是Adobe Illustrator软件专用的格式，AI文件也是一种分层文件，用户可以对图形内所存在的层进行操作，所不同的是AI格式文件是基于矢量输出，可在任何尺寸大小下按最高分辨率输出。

(7) PDF格式

PDF格式是Adobe公司开发的一种电子出版软件的文档格式，适用于Windows、MAC OS、UNIX和DOS系统。所谓电子出版软件，主要是将PageMaker、Quark Xpress等排版软件的文件建立成一份电子出版物，将它存储为PDF格式，就可以利用Adobe Acrobat来打开PDF文件，实现跨平台浏览。

课后练习

1. 选择题

(1) 如果需要对图像文件的页面尺寸、版面和背景等属性进行设置，可以通过下面的哪种操作实现（　　）。

    A. 设置图像显示模式　　　　　　　　B. 设置文档窗口显示模式

    C. 设置页面属性　　　　　　　　　　D. 设置预览显示

(2) 通过一些辅助工具可以实现对图像的精确绘制，下列哪个不属于这类工具（　　）。

    A. 标尺　　　　　　　　　　　　　　B. 辅助线

    C. 网络　　　　　　　　　　　　　　D. 页面布局

(3) CorelDRAW 可以导入多种类型的文件，下列哪种类型无法实现导入（　　）。

    A. JPEG　　　　　　　　　　　　　　B. BMP

    C. EXE　　　　　　　　　　　　　　D. XLS

2. 填空题

(1) CorlDRAW X6 为用户提供了＿＿＿＿、＿＿＿＿和＿＿＿＿3 种窗口显示模式，在"窗口"菜单中选择相应的模式即可。

(2) 预览显示是将页面中的对象以不同的区域或状态显示，包括全屏预览＿＿＿＿和＿＿＿＿。

(3) 设置＿＿＿＿是对图像文件的页面尺寸、版面和背景等属性进行设置，自定义页面的显示状态，用户可以创建一个比较习惯的工作环境。

3. 上机题

(1) 新建一个文件，设置页面大小为A4、方向为横向。

(2) 更改页面的背景色为黄色。

(3) 从本地文件夹导入一个JPEG格式的图像。

Chapter
02

绘制图形

　　本章我们开始讲解各类图形的绘制方法，包括绘制各种直线和曲线的绘图工具，矩形、多边形、星形、箭头、流程图、标题形状等几何图形工具的使用。学习完本章内容后，读者应该对这些绘图工具多加练习，灵活运用。

重点难点

- 各种曲线工具的使用
- 矩形的绘制
- 智能绘图工具的使用
- 星形工具的使用
- 基本形状工具的使用

Section 01 绘制直线和曲线

线条的绘制是绘制图形的基础。线条的绘制包括直线的绘制和曲线的绘制。CorelDRAW X6为用户提供了手绘工具、贝塞尔工具、钢笔工具、艺术笔工具、折线工具、3点曲线工具、2点线工具和B-Spline工具8种绘制线条的工具，下面在对这些绘图工具进行介绍前，先对选择工具进行介绍。

01 选择工具

不论是绘制图形还是对图形进行编辑操作，首先要学会选择图形对象。选择图形对象有两种形式，一是选择单独一个图形对象，二是选择多个图形对象。

（1）选择单一图形

在CorelDRAW X6中导入图形文件后单击选择工具，在页面中单击图形，此时图形四周出现了8个黑色空点，表示选择了该图形对象。

（2）选择多个图形

选择多个图形的方法有如下两种方法。

方法1：按住Shift键的同时逐个单击需选择的对象，即可同时选择多个对象，如下左图所示。

方法2：单击选择工具，在页面中单击并拖动出一个可以框选所需选择对象的蓝色矩形线框。此时，若释放鼠标，则框选区域内的对象均被选择，如下右图所示。

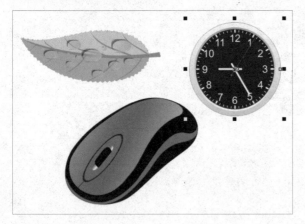

02 手绘工具

使用手绘工具不仅可以绘制直线，还可以绘制曲线，它是利用鼠标在页面中直接拖动绘制线条的。该工具的使用方法是，单击手绘工具或按下F5键，即可选择手绘工具，然后将鼠标光标移动到工作区中，此时光标变为形状，在页面中单击并拖动鼠标绘制出曲线，如下左图所示。

此时释放鼠标软件，则会自动去掉绘制过程中的不光滑曲线，将其替换为光滑的曲线效果，如下右图所示。

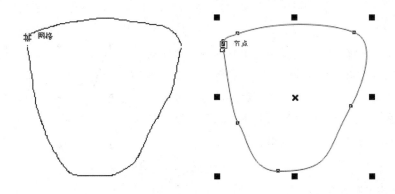

若要绘制直线则需在光标变为 ⊹ 形状后单击，并且在直线的另一个点再次单击，即可绘制出两点之间的直线，如下左图所示。（按住Ctrl键可画水平、垂直及15度倍数的直线）

利用手绘工具绘制图形，可设置其起始箭头、结束箭头以及路径的轮廓样式，如下右图所示。

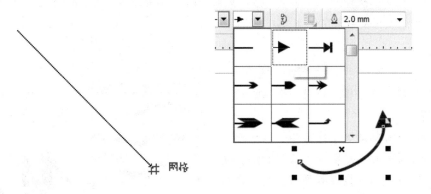

03 贝塞尔工具

CorelDRAW X6中的曲线是由一个个的节点进行连接的。使用贝塞尔工具可以相对精确地绘制直线，同时还能对曲线上的节点进行拖动，实现一边绘制曲线一边调整曲线圆滑度的操作。

在手绘工具 卷轴栏下，单击贝塞尔工具 ，将鼠标光标移动到工作区中，此时光标变为 ⊹ 形状，在页面中单击确认曲线的起点位置，然后再另一处单击确定节点位置后，拖动控制手柄以调整曲线的弧度，即可绘制出圆滑的曲线，如下图所示。

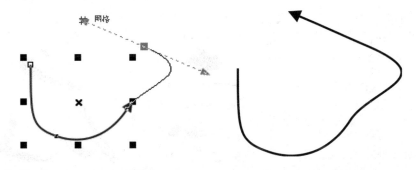

专家技巧 填充绘制的曲线

若绘制的曲线没有闭合，则不能填充颜色。若要在曲线形成的图形中填充颜色，则必须将曲线的终点和起点重合，形成一条闭合的曲线即可。

04 钢笔工具

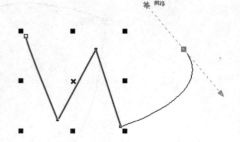

钢笔工具是实际操作中经常使用的工具之一，在功能上它将直接的绘制和贝塞尔曲线的绘制进行了融合。

单击钢笔工具，当鼠标光标变为钢笔形状时在页面中单击确定起点，然后单击下一个节点即绘制直线段。若单击的同时拖动鼠标，绘制的则为弧线，如右图所示。

05 艺术笔工具

艺术笔工具是一种具有固定或可变宽度及形状的画笔，在实际操作中可使用艺术笔工具绘制出具有不同线条或图案效果的图形。单击艺术笔工具，在其属性栏中分别有"预设"按钮、"笔刷"按钮、"喷涂"按钮、"书法"按钮和"压力"按钮。单击不同的按钮，即可看到属性栏中的相关设置选项也发生了变化。

1. 应用预设

单击艺术笔工具属性栏中的"预设"按钮，在"预设笔触"下拉列表框中选择一个画笔预设样式，如右1图所示。

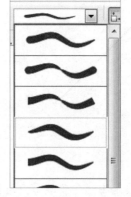

然后将鼠标光标移动到工作区中，当光标变为画笔形状时，单击并拖动鼠标，即可绘制出线条。此时线条自动运用了预设的画笔样式，效果如右2图所示。

2. 应用笔刷

单击艺术笔工具属性栏中的"笔刷"按钮，在"类别"下拉列表框中选择笔刷的类别，如下左图所示。

同时还可以在其后面的"笔刷笔触"下拉列表框中选择笔刷样式，然后将鼠标光标移动到工作区中，当光标变为画笔形状时，单击并拖动鼠标，即可绘制出线条。此时线条自动运用了预设笔刷的样式，形成相应的效果，如下中图和右图所示。

 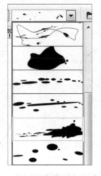 

3. 应用书法

单击艺术笔工具属性栏中的 "书法" 按钮，即可对属性栏中的 "手绘平滑"、"笔触宽度"、"书法角度" 等选项进行设置， 完成后在图像中单击并拖动鼠标， 即可绘制图形。 此时绘制出的形状自动添加了一定的书法比触感， 如下左图所示。

4．应用压力

单击艺术笔工具属性栏中的"压力"按钮，即可对属性栏中的"手绘平滑"和"笔触宽度"选项进行设置，完成后在图像中单击并拖动鼠标绘制图形，此时绘制的形状默认为黑色，如更改当前画笔的填充颜色，此时图像则自动显示出相应的颜色，如下右图所示。

5．应用喷涂

单击艺术笔工具属性栏中的"喷涂"按钮，在类别下拉列表框中的选择喷涂图案的类别，同时还可以在其后的"喷射图样"下拉列表框中选择图案样式，如下左图所示。

然后在工作区中单击并拖动鼠标，开始绘制图案，选择不同的图案样式即可绘制出不同的图案效果，如下右图所示。

06　折线工具

折线工具也是用于绘制直线和曲线的，在绘制图像的过程中它可以将一条条的线段闭合。该工具的使用方法是单击折线工具，当鼠标光标变为折线形状时单击，确定线段起点，继续单击，确定图形的其他节点，双击结束绘制，如下图所示。

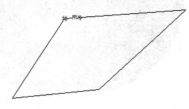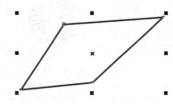

07　3点曲线工具

在绘制多种弧形或近似圆弧等曲线时，可以使用3点曲线工具，使用该工具可以任意调整曲线的位置和弧度，且绘制过程更加自由，快捷。该工具的使用方法是单击3点曲线工具，在页面中单击，确定起点，移动鼠标后释放鼠标以确定曲线的终点，拖动鼠标绘制出曲线的弧度，如右图所示。

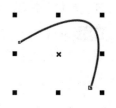

08　2点线工具

　　2点线工具在功能上与直线工具相似，使用2点线工具可以快速地绘制出相切的直线和相互垂直的直线，如右图所示。

09　B-Spline工具

　　B-Spline工具与2点线工具相同，该工具在功能上与贝塞尔工具相似，不同的是，该工具有蓝色控制框。单击B-Spline工具，在页面上单击确定起点后，继续单击并拖动图像，此时可看到线条外的蓝色控制框，对曲线进行了相应的限制，继续绘制曲线的闭合曲线，如右图所示，当图形闭合时，蓝色控制框自动隐蔽。

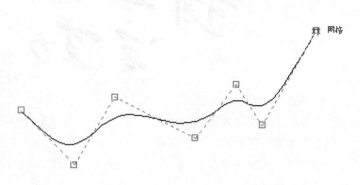

⚒ 例2-1 设计招生宣传海报

　　下面将利用前面所学的知识，练习制作一个广告页，其中主要涉及到的知识点包括图框精确剪裁命令，文本适合路径、文本工具、表格工具等。

`Step 01` 执行"文件>新建"命令"，新建一个A4大小的新文件，在属性栏中设置当前页面尺寸"210 mm×285mm"。

`Step 02` 使用椭圆形工具绘制椭圆形，按F11键，设置"辐射渐变"，颜色调和从（C100、M60、Y100、K45）到（C0、M0、Y60、K0）。具体设置如下左图所示。应用后的效果如下右图所示。

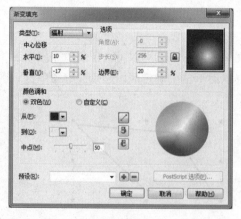

`Step 03` 使用椭圆形工具绘制椭圆形，按组合键Shift+F11，填充颜色（C0、M60、Y100，K0），按组合键Ctrl+PageDown置于下方。使用选择工具框选刚才绘制的椭圆形，使用右键单击调色板右上角⊠，去除轮廓边，如下左图所示。

`Step 04` 使用文本工具输入文字，执行"文本>使文本适合路径"命令，然后将光标移动到椭圆形边缘位置，单击确定位置，为文字创建弧形效果，如下右图所示。

Step 05 按组合键 Shift+F11，为文字填充黄色 （C0、 M0、 Y100、 K0）。 按 F12 键，设置轮廓笔，轮廓颜色 "黑色"，轮廓宽度 "1.5mm"，具体设置如下左图所示。 应用后的效果如下右图所示。

Step 06 选择轮廓图工具，在属性栏中设置 "外部偏移"，角类型选择 "圆角"，轮廓颜色 "白色"，具体设置如下左图所示。

Step 07 应用轮廓图之后，按+键，创建副本，填充黑色。按组合键Ctrl+PageDown，置入下方，添加阴影效果，如下右图所示。

Step 08 双击矩形工具，生成矩形框，按住Shift键，选择两个椭圆形，执行 "效果>图框精确剪裁>置入图文框内部" 命令，将椭圆形置入到矩形框中。执行 "效果>图框精确剪裁>编辑Power-Clip" 命令，可对置入的图像进行编辑，如右1图所示。

Step 09 执行 "文本>插入符号字符" 命令，打开 "插入字符" 泊坞窗，在字体类型中找到Wingdings，将需要的图形拖动到工作区，如右2图所示。

Step 10 为图形填充红色（C0、M100、Y100、K0），并去除轮廓⊠。使用文本工具☑输入文字，并进行整合，如下左图所示。

Step 11 使用文本工具☑和轮廓笔工具处理其他的文字，如下右图所示。

Step 12 使用文本工具，绘制段落文本框，并输入文字。按组合键Ctrl+T，打开"文本属性"泊坞窗，对齐方式选择"两端对齐"，首行缩进8.5mm，行距140%，具体设置如下左图所示。

Step 13 应用文本属性后的效果如下右图所示。

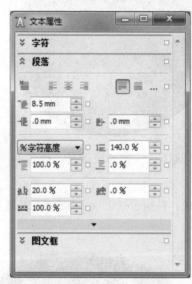

Step 14 选择表格工具☷，在属性栏中设置行数"5"，列数"3"，然后在工作区中拖动，绘制表格，如下左图所示。

Step 15 在属性栏中设置表格的边框宽度0.5mm，边框颜色（C0、M60、Y100、K0），如下右图所示。

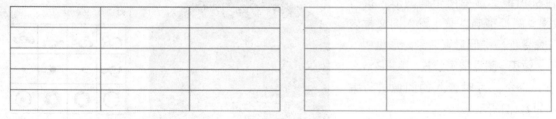

Step 16 使用选择工具单击表格，在属性栏中设置表格背景色（C0、M0、Y20、K0），然后在左上角单元格双击，将光标插入并向右拖动，可选择第一排3个单元格，然后在表格工具属性栏中改变表格的背景颜色（C0、M60、Y100、K0），如下左图所示。

Step 17 在单元格中双击，输入文字信息。如下右图所示。

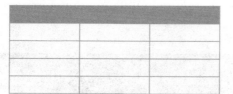

午托类型	收费标准	内容说明
午托	300元/月	接送回家 午饭 水果
晚托	300元/月	晚餐 作业辅导 点心
午晚托	300元/月	两餐 接送 水果 点心
补习班	20元/小时	奥数 作文 英语 珠心算

Step 18 按组合键Ctrl+T，打开"文本属性"泊坞窗，在段落中选择"居中"对齐，在图文框中选择"居中垂直对齐"。设置如下左图所示，应用后的效果如下右图所示。

午托类型	收费标准	内容说明
午托	300元/月	接送回家 午饭 水果
晚托	300元/月	晚餐 作业辅导 点心
午晚托	300元/月	两餐 接送 水果 点心
补习班	20元/小时	奥数 作文 英语 珠心算

Step 19 进一步处理标题文字的大小和颜色，如下左图所示。

Step 20 按住Ctrl键，使用手绘工具在工作区中单击，然后水平拖动绘制直线。按F12键，设置轮廓宽度0.3mm和轮廓颜色（C0、M60、Y100、K0）。使用文本工具输入文字并填充颜色（C0、M60、Y100、K0），最终效果如下右图所示。

午托类型	收费标准	内容说明
午托	300元/月	接送回家 午饭 水果
晚托	300元/月	晚餐 作业辅导 点心
午晚托	300元/月	两餐 接送 水果 点心
补习班	20元/小时	奥数 作文 英语 珠心算

招生对象：1-3年级学生　报名热线：60606060 01010101

地址在：西工区纱厂路与南华路交叉口（飞鸟教育艺术培训中心）

Step 21 版面最终效果如右图所示。

Section 02 绘制几何图形

在CorelDRAW X6中，除了可以绘制直线和曲线之外，还可以通过软件提供的几何类绘制工具绘制图形，如矩形工具、椭圆型工具、多边形工具、星形工具、复杂星形工具、图纸工具、螺纹工具、基本形状工具等。从而简化了工作流程，提高了工作效率。

01 绘制矩形和3点矩形

单击矩形工具，在页面中单击并拖动鼠标绘制任意大小的矩形，按住Ctrl键的同时单击并拖动鼠标，绘制出的则是正方形。此外，在矩形工具组中还包括了一个3点矩形工具，使用该工具可以绘制出任意角度的矩形，其使用方法如下。

首先单击3点矩形工具，在页面任意位置单击，定位矩形的第一个点，按住鼠标不放的同时拖动鼠标到相应的位置后释放鼠标，即定位了矩形的第二个点，再拖动鼠标并单击即定位矩形的第三个点。然后在属性栏中分别单击"圆角"、"扇形角"、"倒棱角"按钮，即可绘制出如下带有一定角度的矩形，如下图所示。

✖ 例2-2 设计简洁的LOGO

下面将利用前面所学知识，练习制作一个简单的标志。

Step 01 启动CorelDRAW X6，执行"文件>新建"命令，打开"创建新文档"对话框，从中对参数进行设置，最后单击"确定"按钮，创建一个新文件，如下左图所示。

Step 02 使用矩形工具▢绘制矩形条，按Shift+F11组合键打开"颜色填充"对话框，设置填充颜色为（C0、M20、Y60、K20），使用鼠标右击调色板最上方☒，去除轮廓线，如下右图所示。

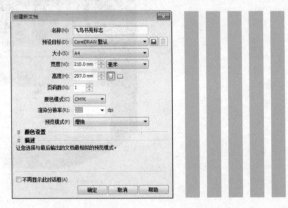

Step 03 使用挑选工具🔲框选矩形条，然后单击，图形上会出现控制点，使用鼠标左键向下拖动左侧图形中间的控制点，改变图形的形状，效果如下左图所示。

Step 04 镜像图形，调节中间的间距，使各矩形条之间的间距平均，然后填充颜色（C0、M20、Y40、K40），效果如下右图所示。

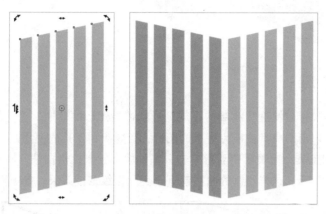

Step 05 使用手绘工具🔲绘制下方图形，调节线条粗细，执行"排列＞将轮廓转换为对象"命令，将线条转换为路径对象，然后对齐线条两侧的节点。填充颜色后效果如下左图所示。

Step 06 使用文本工具🔲输入中文和英文，并进行组合搭配，完成标志的制作。

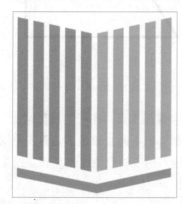

Step 07 黑白墨稿效果如下图所示。

02 绘制椭圆形和饼图

使用椭圆形工具不仅可以绘制椭圆形、正圆以及具有旋转角度的几何图形，还可以绘制饼形以及圆弧形。这在很大程度上提升了图形绘制的可变性。

如下图所示分别为使用该工具绘制的椭圆、扇形以及弧线。

03　智能绘图工具

　　使用智能绘图工具△可以快速将绘制的不规则形状进行图形的转换，尤其是当绘制的曲线与基本图形相似时，该工具可以自动将其变换为标准的图形，智能绘图工具的使用方法介绍如下。

　　首先单击智能绘图工具，在页面中随意单击并拖动鼠标绘制图形曲线，将形状识别等级设置为最高，智能平滑等级设置为无，这样绘制的曲线趋近于实际手绘路径效果，如下图所示。

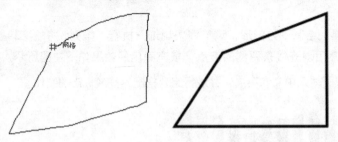

04　多边形工具

　　CorelDRAW X6中将多边形工具、星形工具、复杂星形工具、图纸工具和螺纹工具集中在多边形工具组中，这些工具的使用方法较为相似，但其设置却有所不同。单击多边形工具▢，在其属性栏的"点数或边数"数值框和"轮廓宽度"下拉列表框中输入相应的数值或选择相应的选项，即可在页面中绘制出相应的多边形。

05　星形工具和复杂星形工具

　　使用星形工具可以快速绘制出星形图案，单击星形工具后，在其属性栏的"点数或边数"和"锐度"数值框中可对星形的边数和角度进行设置，从而调整星形的形状，让图形的绘制更为快捷，如下图所示。

复杂星形工具是星形工具的升级应用，在使用时首先要单击复杂星形工具，然后在属性栏中设置相关参数后，在页面中单击并拖动鼠标，即可绘制出如下图所示的复杂星形图案。

06 图纸工具

使用表格工具可以绘制网格，以辅助用户在编辑图形时对其进行精确的定位。使用该工具时，首先应选取图纸工具，接着在其属性栏的"列数和行数"数值框中设置相应的数值后，在页面中单击并拖动鼠标绘制出网格，最后单击调色板中的颜色色块即可为其填充颜色。

需要注意的是，用户需在绘制网格之前先行设置网格的列数和行数，以保证绘制出相应格式的图纸。在绘制出网格图纸后，可分别对其填充颜色，如右图所示。

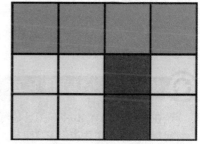

07 螺纹工具

使用螺纹工具可以绘制两种不同的螺纹，一种是对数螺纹，另一种是对称式螺纹。这两者的区别是，在相同的半径内，对数螺纹的螺纹形之间的间距成倍数增长，而对称式螺纹的螺纹形之间的间距是相等的。

单击星形卷展栏下的螺纹工具，在其属性栏的"螺纹回圈"数值框中可调整绘制出的螺纹的圈数。单击"对称式螺纹"按钮，在页面中单击并拖动鼠标，绘制出螺纹形状，此时绘制的螺纹十分对称，圆滑度较高，如右1图所示。

继续在螺纹工具的属性栏中单击"对数螺纹"按钮，激活"螺纹扩展参数"选项，拖动滑块或在其文本框中输入相应的数值即可改变螺纹的圆滑度，得到的螺纹效果如右2图所示。

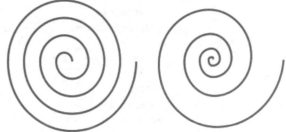

08 基本形状工具

在CorelDRAW X6中除了可以绘制一些基础的几何图形外，软件还为用户提供了一系列的形状工具，帮助用户快速完成图形的绘制。这些工具包括基本形状工具、箭头形状工具、流程图形状工具、标题形状工具和标注形状工具5种，集中在基本形状工具组中。

需要注意的是，绘制形状后可看到，此时绘制的图形上有一个红色的节点，表示该图形为固定几何图形，如下左图所示。此时右击该图形，在弹出的快捷菜单中选择"转换为曲线"命令，发现转换后的图形中红色节点不见了，如下右图所示。此时表示该图形为普通的可调整图形，可结合形状工具对图形进行自由调整。

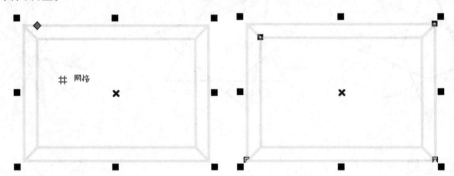

09 箭头形状工具

使用箭头形状工具可以快速绘制出多种预设的箭头形状。选择相应的箭头样式后，在页面中单击并拖动鼠标进行绘制即可。

> **知识链接** 流程图形状工具
>
> 在CorelDRAW X6中，工具是可以结合运用的。流程图形状工具可以结合箭头形状工具、文本工具等进行运用，制作出工作流程图等图形。

例2-3 设计广告牌

接下来我们将练习制作一个广告牌，以进一步巩固前面所学的知识。

Step 01 启动CorelDRAW X6，执行"文件>新建"命令，创建一个新文件，如下左图所示。

Step 02 使用矩形工具绘制矩形条，使用形状工具，拖动任意一个角，将矩形的直角改为圆角。如下右图所示。

Step 03 按F11键，打开"渐变填充"对话框，设置灰度线性渐变填充，渐变角度设置为125，边界设置为2%，其他设置如下左图所示。

Step 04 应用渐变填充效果之后，去除轮廓线。效果如下右图所示。

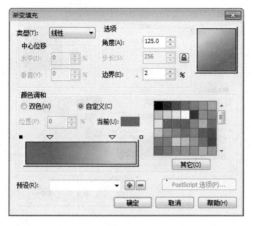 

Step 05 使用矩形工具在上面继续绘制一个矩形，按F11键，设置渐变填充效果。具体设置如下左图所示。

Step 06 填充渐变之后，去除轮廓线，效果如下右图所示。

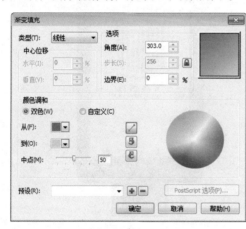 

Step 07 使用矩形工具在上面接着绘制一个矩形，并填充白色，如下左图所示。

Step 08 导入标志，将标志放在居中位置，如下右图所示。

Step 09 按Ctrl+I组合键，导入矢量素材图形，放置在版面右下位置，并填充颜色，效果如下左图所示。

Step 10 底柱的制作。使用矩形工具□在下方绘制一个矩形，然后设置渐变填充，具体参数设置如下右图所示。

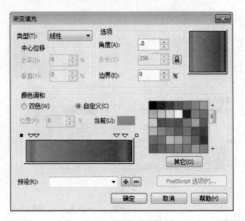

Step 11 应用渐变填充后的最终效果如下左图所示。

Step 12 使用阴影工具□添加一个投影效果，完成广告牌的制作，效果如下右图所示。

10 标题形状工具

标题形状工具用于绘制一些预设的标题图形，单击该工具属性栏中的"完美形状"按钮，弹出标题形状的选项面板，选择标题形状并绘制图形后，在属性栏中设置形状轮廓的样式和轮廓宽度。如下图所示为不同的标题形状。

11 标注形状工具

利用标注形状可绘制一些解释说明性的话框图形。单击该工具属性栏中的"完美形状"按钮，弹出标注形状的选项面板，选择相应的标注形状并绘制图形，同样可以在属性栏中设置形状轮廓的样式和轮廓宽度，不同的标注形状如右图所示。

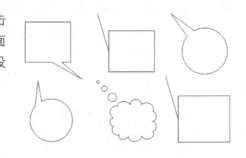

⚒ 例2-4 设计开业庆典宣传页

下面将利用所学知识练习制作一幅家居超市庆典所用的宣传页。在设计时，通过一幅素材底图来着重强调"隆重开业"的概念。使用"透明度工具"来突出Logo的立体效果；使用"插入符号字符"功能，可以找到礼包矢量框架图，使用"渐变填充"为礼包创建立体效果。

Step 01 执行"文件>新建"命令，新建一尺寸为"210mm×285mm"的文档。

Step 02 按Ctrl+I组合键，导入一张素材底纹图片。在属性栏中设置图像的尺寸为"210mm×285mm"。执行"窗口>泊坞窗>对齐与分布"命令。打开如下左图所示的"对齐与分布"泊坞窗，先选择"垂直居中对齐"，激活"页面中心"选项，然后再选择"水平居中对齐"。最后居中对齐的效果如下右图所示。

Step 03 按Ctrl+I组合键，导入烟花素材，如右1图所示。

Step 04 使用"矩形工具"绘制矩形框，用"形状工具"在矩形上单击，在属性栏中设置圆角半径为5mm，如右2图所示。

Step 05 按F11键，打开渐变填充对话框，设置线性渐变，颜色从（C20、M80、Y0、K20）至（C0、M100、Y0、K0），其他设置如下左图所示，应用渐变填充后的效果如下右图所示。

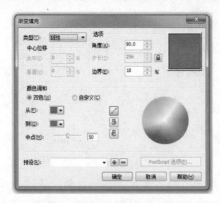 

Step 06 使用"钢笔工具" 在矩形的右下位置绘制三角形。如下左图所示。

Step 07 按住Shift键加选矩形。在属性栏中单击"合并"按钮，将矩形与三角形合并为一个整体，如下右图所示。

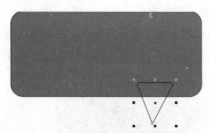 

Step 08 使用右键单击调色板，去除轮廓。按小键盘上的+键，创建副本，并填充黑色。按Ctrl+PageDown组合键，置于底层，按方向键移动图形，形成立体感。如下左图所示。

Step 09 选择前面的渐变图形，按+键，创建副本，并缩小对象，然后填充白色。使用"透明度工具" 在白色对象上面拖动，形成透明度效果，如下右图所示。

 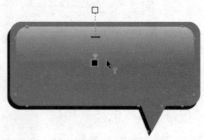

Step 10 使用文本工具 输入文字，并填充红色（C0、M100、Y100、K0），如下左图所示。

Step 11 按F12键，设置轮廓笔宽度1.5mm，轮廓颜色"白色"，如下右图所示。

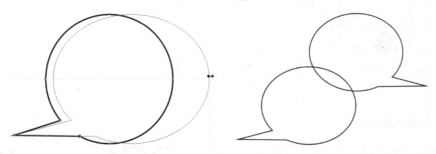

Step 12 在工具箱中单击"标注形状" ，在属性栏中选择一个图形，用鼠标拖动进行绘制。按Ctrl+Q组合键，将图形转换为曲线，用"选择工具" 拉动图形一侧，使原来的正圆形改变为椭圆形，如下左图所示。

Step 13 按+键，复制一个图形，并进行"水平镜像" ，如下右图所示。

Step 14 使用选择工具 框选图形，并单击属性栏中的"修剪" 按钮，按方向键将修剪后的图形错开，如下左图所示。

Step 15 按F11键，设置线性渐变填充，三种调色颜色分布为（C0、M0、Y100、K0）、（C0、M0、Y20、K0）、（C0、M0、Y60、K0）。使用右键单击调色板 ，去除轮廓线，具体设置如下右图所示。

Step 16 应用渐变后的效果如下左图所示。复制图形，填充黑色，按Ctrl+Pagedown组合键，置于下一层，然后按方向键向下移动，制作阴影效果。使用"文本工具" 输入文字，设置填充颜色和白色描边效果，应用后的效果如下右图所示。

Step 17 执行"文本>插入符号字符"命令，打开"插入字符"泊坞窗，在字体列表里面找到webdings，然后在下方选择礼包图形，并拖动到工作区中。如下左图所示。

Step 18 按Ctrl+K组合键，拆分图形，将礼包下方的矩形"合并"为一个整体，如下右图所示。

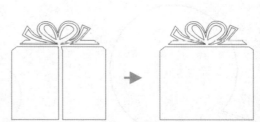

Step 19 使用选择工具 ⬚ 框选丝带与下方的矩形，按 Ctrl+L组合键，将图形合并。运用之前的方法，为图形添加渐变色与阴影效果，并去除轮廓，如右1图所示。

Step 20 使用文本工具 字 输入文字，并填充颜色，如右2图所示。

Step 21 按+键，复制两个礼包副本，使用文本工具 字 更改礼包上面的文字，完成其他两个礼包的处理，最终效果如右图所示。

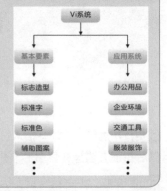

🔄 **知识链接** 认识VI系统

　　一套完整的VI系统主要包含基本要素系统和应用系统两大部分。其中，基本要素系统包括企业名称、企业标志、企业造型、标准字、标准色、象征图案、宣传口号等。应用系统包括产品造型、办公用品、企业环境、交通工具、服装服饰、广告媒体、招牌、包装系统、公务礼品、陈列展示以及印刷出版物等。

设计师训练营 绘制足球

本例我们来绘制一个足球，整个实例将分为三个部分进行制作，首先绘制一个正六边形，然后复制多个对象，最后利用鱼眼工具完成最终效果。尽管有些功能本章还没有讲到，但读者朋友可以先根据步骤完成操作，同时本案例也提供了操作视频供读者参考。

Step 01 执行"文件>新建"命令，新建一个文件。选择"多边形工具" ，在属性栏中将边数调整为6。按住Ctrl键，单击并拖动鼠标，绘制出正六边形，如下左图所示。

Step 02 在工具箱中选择选择工具 ，选中正六边形，依次复制出多个正六边形。利用"选择工具" 将复制出来的对象按照一定顺序排列在一起，如下右图所示。

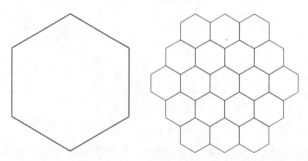

Step 03 用鼠标选中部分六边形，然后在"调色板"中将其填充为黑色，如下左图所示。

Step 04 选择工具箱中的椭圆形工具 ，按住Ctrl键，绘制出一个圆形，并适当调整其位置，如下右图所示。

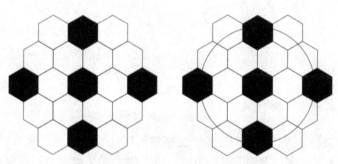

Step 05 选择圆形对象，执行"效果>透镜"命令，在透镜效果下拉列表中选择"鱼眼"选项，设置"比率"参数为100%，如下左图所示。

Step 06 单击"应用"按钮，用选择工具 将圆球移开，最终效果如下右图所示。

1. 选择题

(1) 如果需要绘制具有艺术效果的线形或者需要利用绘图工具实现书法效果，可以选择下列哪个工具（　　）。

A. 手绘工具

B. 钢笔工具

C. 3 点曲线工具

D. 艺术笔工具

(2) 下面的图形，使用哪个工具绘制最为方便（　　）。

A. 钢笔工具

B. 折线工具

C. 星形工具

D. 多边形工具

(3) 当绘制下左图的形状后，CorelDRAW 会自动生成右下图的形状，说明用户选择了下列哪个工具（　　）。

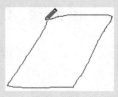 

A. 智能绘图工具

B. 平行四边形绘制工具

C. 多边形绘制工具

D. 手绘工具

2. 填空题

(1) 若要选择多个图形，可以在按住_____键的同时逐个单击需选择的对象。

(2) 若要使用手绘工具，可以单击▨或按下_____键，若要绘制直线，配合_____键可画水平、垂直及15度倍数的直线。

(3) 如果希望对图形进行自由调整，可以右击图形，选择_____命令。

3. 上机题

利用椭圆形工具结合贝塞尔工具绘制如右图所示的图形。

Chapter

03

填充图形

要想设计出美观的作品，色彩是必不可少的。本章我们就可以学习图形填充的一些内容。包括颜色泊坞窗的使用、交互式填充、网状填充、渐变填充、图样填充、轮廓笔颜色的设置等内容。通过本章的学习，读者朋友应该能够灵活运用各类颜色填充工具对图形进行颜色的设置。

重点难点
- 对象颜色的填充
- 填充颜色的精确设置
- 对象轮廓颜色的设置

填充对象颜色

色彩在视觉设计中扮演着重要的角色，所以用户必须熟练掌握颜色填充的方法及要领，更好地对图形进行填充。

01 "颜色"泊坞窗

在CorelDRAW X6中，执行"窗口＞泊坞窗＞彩色"命令，即可打开"颜色"泊坞窗，如下左图所示。下面将对"颜色"泊坞窗进行介绍。

（1）**显示按钮组**：该组按钮从左到右依次为"显示颜色滑块"按钮、"显示颜色查看器"按钮和"显示调色板"按钮。单击相应的按钮，即可将泊坞窗切换到相应的显示状态。

（2）**"颜色模式"下拉列表框**：默认情况下显示CMYK模式，该下拉列表框将CorelDRAW X6为用户提供的9种颜色模式收录其中，如上右图所示，选择即可显示颜色模式的滑块图像。

（3）**滑块组**：在"颜色"泊坞窗中拖动滑块或在其后的文本框中输入数值即可调整颜色。

（4）**"自动应用颜色"按钮**：该按钮默认为状态，表示未激活自动应用颜色工具。单击该按钮，当其变换成状态时，若在页面中绘制图形，拖动滑块即可调整图的填充颜色。

（5）**填充和轮廓按钮**：选择图形对象后单击相应的按钮，即可为其填充颜色或轮廓色。

02 智能填充工具

智能填充工具可对任意闭合的图形填充颜色，也可同时对两个或多个叠加图形的相交区域填充颜色，或者在页面中任意单击，均可对页面中所有镂空图形进行填充。单击智能填充工具，即可查看其属性栏，如下图所示，下面将对其中的选项进行介绍。

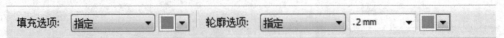

（1）**"填充选项"下拉列表框**：在其中可设置填充状态，包括"使用默认值"、"指定"和"无填充"选项。

（2）**"填充色"下拉列表框**：在其中可设置预定的颜色，也可自定义颜色进行填充。

（3）"轮廓选项"下拉列表框：在其中可对填充对象的轮廓属性进行设置，也可不添加填充时的对象轮廓。

（4）"轮廓宽度"下拉列表框：在其中可设置填充对象时添加的轮廓宽度。

（5）"轮廓色"下拉列表框：在其中可设置填充对象时添加的轮廓的颜色。

03　交互式填充

交互式填充工具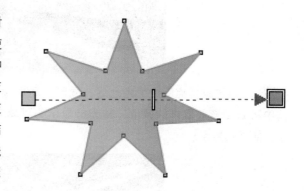：利用交互式填充工具可对对象进行任意角度的渐变填充，并可进行调整。使用该工具及其属性栏，可以完成在对象中添加各种类型的填充，可以灵活方便和直观地进行填充，交互式填充工具的使用方法：创建一个图形，单击"交互式填充"工具，通过设置"起始填充色"和"结束填充色"下拉列表框中的颜色和拖动填充控制线及中心控制点的位置，可随意调整填充颜色的渐变效果，如右图所示。

04　网状填充

交互式网状填充工具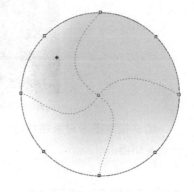：使用该工具可以创建复杂多变的网状填充效果，同时还可以为每一个网点填充上不同的颜色并定义颜色的扭曲方向。网状填充是通过调整网状网格中的多种颜色来填充对象，如右图所示。

05　颜色滴管工具

颜色滴管工具主要应用于吸取换面中图形的颜色，包括桌面颜色、页面颜色、位图图像颜色和矢量图形颜色。单击颜色吸管工具，即可查看其属性栏，如下图所示，下面将分别对其中的相关选项进行介绍。

（1）"选择颜色"按钮：默认情况下选择该按钮，此时可从文档窗口进行颜色取样。

（2）"应用颜色"按钮：单击该按钮，可将所选颜色直接应用到对象上。

（3）"从桌面选择"按钮：单击该按钮，表示可对应用程序外的对象进行颜色取样。

（4）"1 x 1"按钮：单击该按钮，表示对单像素颜色取样。

（5）"2 x 2"按钮：单击该按钮，表示对2 x 2像素区域中的平均颜色值进行取样。

（6）"5 x 5"按钮：单击该按钮，表示对5 x 5像素区域中的平均颜色值进行取样。

（7）"加到调色板"按钮：单击该按钮，表示将该颜色添加到文档调色板中。

下面将通过一个简单的应用来介绍颜色滴管工具的使用方法。

Step 01 打开图像并绘制图像，单击颜色滴管工具 ，在页面中移动鼠标光标，此时可看见光标所指之处颜色的参数值，如下图所示。

Step 02 单击取样点吸取颜色之后，同时自动切换到应用颜色工具下，此时在属性栏的"所选颜色"框中可看到当前取样的颜色，当光标显示为可填充内部状态时单击，即可对指定图像填充吸取的颜色，如下图所示。

　　填充指定图形对象颜色后，还可按住Shift键在"选择颜色"按钮 和"应用颜色"按钮 之间进行快速切换。

06　属性滴管工具

　　属性滴管工具与颜色滴管工具同时收录在滴管工作组中，这两个工具有类似之处。属性滴管工具用于取样对象的属性、变换效果和特殊效果并将其应用到执行的对象。

　　单击属性滴管工具 ，即可显示其属性栏，在其中分别单击"属性"，"变换"，"效果"按钮，即可弹出与之相对应的面板。如下面3幅图像所示，分别为单击相应按钮时弹出的对应面板图。

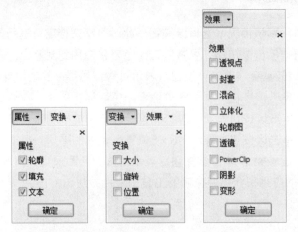

 **例3-1** 使用属性滴管工具

下面将通过一个简单的练习，练习使用属性滴管工具。

Step 01 在图像中新建一个图形，对该图像对象的颜色、轮廓宽度及颜色等相关属性进行设置，此时还可使用其他工具绘制出另一个图形，以备使用。

Step 02 单击属性滴管工具 ，在图形对象上单击，此时在"属性"按钮下的面板中默认勾选了"轮廓"、"填充"和"文本"复选框，这表示对图形对象的这些属性都进行了取样，如下左图所示。

Step 03 随后将鼠标光标移动到另一个图像上，光标发生了变化，在图形对象上单击可将开始取样的样式应用到该图形对象上，得到的效果图如下右图所示。

Section 02 精确设置填充颜色

精确填充设置可以更加准确地填充图形颜色，也提供给用户更加多样的填充颜色的方式，接下来开始精确设置填充颜色的方法。

01 填充工具和均匀填充

在CorelDRAW X6中，填充工具用于填充对象的颜色、图样和底纹等，也可取消对象填充内容。

在未选择任何对象的情况下，选择填充工具填充样式后，可弹出"均匀填充"对话框。

询问填充的对象是"图形"、"艺术效果"还是"段落文本"，勾选相应的复选框并单击"确定"按钮，即可打开"均匀填充"对话框，从中可通过"模型"、"混合器"或者是"调色板"选项卡设置颜色。

设置完成后单击"确定"按钮，在之后所绘制的图形或输入的文本颜色将直接填充该颜色，如右图所示为 "调色板"选项卡。

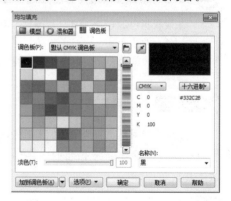

02 渐变填充

单击工具箱中的填充工具 ，即可显示出该工具组中的工具，包括"均匀填充"、"渐变填充"、"图样填充"、"底纹填充"、"PostScript填充"、"无填充"和"颜色"泊坞窗。

单击填充工具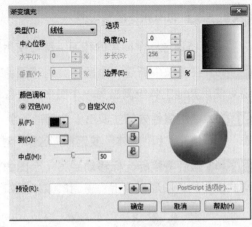，在弹出的面板中选择"渐变填充"选项或按下F11键，即可打开"渐变填充"对话框，如右图所示，下面对其中的一些选项进行介绍。

（1）"类型"下拉列表框：在其中为用户提供了"线性"、"辐射"、"圆锥"和"正方形"4种渐变样式，如下左图所示。

（2）"选项"栏：在其中可分别在"角度"和"边界"数值框中设置数值，以调整在图像中应用的倾斜角度和边界距离。

（3）"颜色调和"栏：默认情况为选中"双色"单选按钮，可在"从"和"到"下拉按钮中设置渐变颜色。也可选中"自定义"单选按钮。切换至该选项的选项栏，如下右图所示。

（4）"预设"下拉列表框：预设是指软件自带的一些调整好的渐变样式，用户可在"预设"下拉列表框中选择相应的样式，单击"确定"按钮即可将其应用。

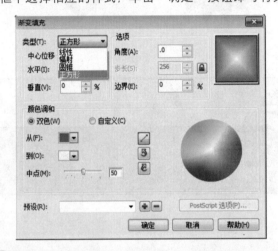

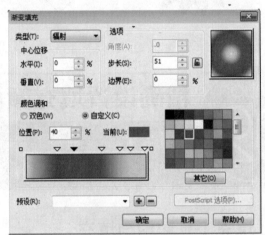

专家技巧　自定义颜色

在设置颜色调和选项时，若选择"自定义"选项后，用户可以通过单击色块缩览图来更改所选中的色标区域颜色，双击色相条上端的滑块区域可添加新的色标，用这样的方式可设置丰富的渐变颜色。用户还可以结合渐变样式的设置，使自定义的渐变更为多样化。

例3-2　设计鲜花店宣传海报

下面将利用前面所学的知识，练习制作一幅宣传海报。该海报颜色以红色系为主，搭配渐变色，适用于鲜花、婚庆海报等商业应用中。在制作过程中主要用到了"矩形工具"、"阴影工具"、"文本工具"等。

Step 01 执行"文件>新建"命令，新建一个空白文件。使用"矩形工具"□绘制矩形，在属性栏中设置尺寸为290mm×420mm。

Step 02 按F11键，设置"辐射"渐变填充，颜色调和从（C0、M10、Y20、K0）到白色，如下左图所示。

Step 03 应用"辐射"渐变后，去除轮廓线，如下右图所示。

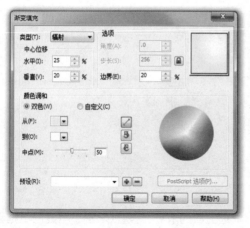

Step 04 使用矩形工具□绘制矩形，在属性栏中设置尺寸为290mm×50mm。按F11键，设置"辐射"渐变填充，颜色调和从左到右依次为：（C0、M100、Y100、K0）、（C25、M100、Y100、K0）、（C45、M100、Y100、K30）与（C45、M100、Y100、K30），其他设置如下左图所示。

Step 05 单击"确定"按钮，应用后的效果如下右图所示。

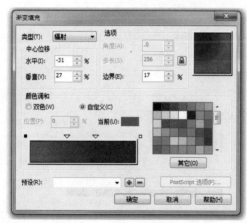

Step 06 按+键，复制图形，填充灰度，使用形状工具⬚，拖动任意一个节点，将直角矩形改变为圆角矩形，也可以通过属性栏设置"圆角半径"来完成，如下左图所示。

Step 07 按住Shift键，使用选择工具⬚加选渐变图形，在属性栏中单击⬚按钮，修剪渐变图形。得到新的效果，如下右图所示。

Step 08 执行"窗口>泊坞窗>对齐与分布"，打开"对齐与分布"泊坞窗。将修剪后的图形与矩形设置对齐，如下左图所示。

Step 09 对齐后的效果如下右图所示。

Step 10 复制顶侧的渐变图形，使用形状工具 ，框选上面的节点，按住Ctrl键，垂直向下拖动，如下左图所示。

Step 11 在属性栏中单击 按钮垂直镜像。使用"对齐与分布"泊坞窗，对齐图形，如下右图所示。

Step 12 使用文本工具 输入文字，如下左图所示。

Step 13 执行"文本>插入符号字符"命令，打开"插入字符"泊坞窗，在字体选项中找到Wing-dings，在下方的图形库中找到花瓣图形，如下右图所示。

Step 14 拖动图形到工作区中，为其填充白色，并去除轮廓，如下左图所示。

Step 15 按Ctrl+I组合键，导入素材，使用"阴影工具"回添加红色（C0、M100、Y100、K0）阴影效果，属性栏设置如下右图所示。

Step 16 添加阴影后的效果如下左图所示。

Step 17 导入其他素材，使用文本工具囝输入文字，适当调整版式，如下右图所示。

Step 18 使用矩形工具回绘制矩形，使用形状工具回，拖动任意一角的节点，将直角矩形改变为圆角矩形，如下左图所示。

Step 19 按F12键，设置轮廓宽度为0.4mm，并选择一种虚线样式，如下右图所示。

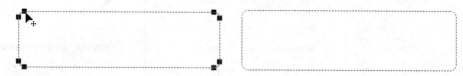

Step 20 按Ctrl+I组合键，导入图形Logo。使用文本工具囝输入文字，填充颜色（C0、M60、Y100、K0）、（C0、M20、Y60、K30），然后调节文字大小与版式关系，如下左图所示。

Step 21 按Ctrl+I组合键，导入礼包图像素材。使用形状工具回，框选下方的两个节点，按住Ctrl键，将其向上垂直拖动至虚线位置，如下右图所示。

Step 22 使用文本工具字输入英文文字，并填充红色（C0、M100、Y100、K0），如下左图所示。

Step 23 使用文本工具字输入地址信息，完成效果制作，如下右图所示。

03 图样填充

图样填充是将CorelDRAW软件自带的图样进行反复的排列，运用到填充对象中。单击填充工具在弹出的面板中选择"图样填充"选项，打开"图样填充"对话框，下面将对其中一些较为重要的选项结合图片进行介绍和展示。

（1）**"填充类型"选项组**：CorelDRAW为用户提供了"双色"、"全色"和"位图"3种填充方式，分别点选相应的单选按钮即可运用。如下3幅图像所示，分别为选择不同填充方式的对话框效果。

 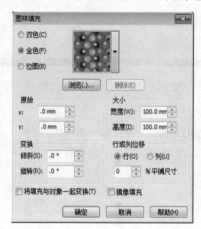 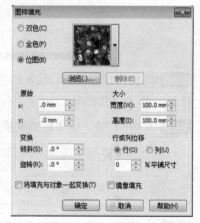

（2）**"图样样式"下拉列表框**：单击图样样式旁的下拉按钮，在打开的"图样样式"列表框中可对图样样式进行选择，这些样式都是CorelDRAW自带的。如下3幅图像所示，分别为不同的填充样式下的图形样式效果。

（3）"装入"按钮：单击该按钮，即可打开"导入"对话框，在其中可将用户自定义的样图导入。在相应的储存位置找到样图，单击"导入"按钮，即可将自定义的图样样式添加到"图样样式"选择框中，以便快速进行运用。

（4）"删除"按钮：单击该按钮，即可将在"图样样式"选择框中选择的样式删除。

（5）"创建"按钮：单击该按钮，即可打开"双色图案编辑"对话框，在其中可自定义双色图样的图案样式。

（6）"将填充与对象一起变换"复选框：勾选该复选框，在对图形进行图样填充后，若是对图形进行大小的缩放，此时图样也会跟随图形进行等比例的大小缩放。

（7）"镜像填充"复选框：勾选该复选框后，可在一幅图像的右边添加一个镜像的图样，并按照此顺序排列。

04　底纹填充

使用底纹填充可让填充的图形对象具有丰富的底纹样式和颜色效果。底纹填充的操作的方法是，在图像中选择需要执行底纹填充的图形对象，如下左图所示，单击填充工具，在弹出的面板中选择"底纹填充"选项，打开"底纹填充"对话框。在"底纹列表"框中选择一个底纹样式，预览框中可对底纹效果进行预览。同时还能对底纹的密度、亮度以及色调进行调整，完成后单击"确定"按钮，即可看到图形填充了相应底纹后的效果，如下右图所示。

05 PostScript填充

PostScript填充是集合了众多纹理选项的填充方式,单击填充工具 ⬦,选择"PostScript填充"选项,打开"PostScript底纹"对话框,如右图所示。在该对话框中可选择各种不同的底纹填充样式,此时还可对相应底纹的频度、行宽和间距等参数进行设置。

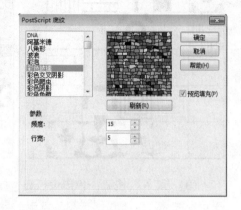

Section 03 填充对象轮廓颜色

图形的轮廓线的填充和编辑是作图过程中很重要的一部分。在CorelDRAW X6中,绘制图形时以默认的0.2mm的黑色线条为轮廓颜色。此时可通过应用轮廓笔工具的相关选项,对图形的轮廓线进行填充和编辑,丰富图形对象的轮廓效果。

01 轮廓笔

轮廓笔工具主要用于调整图形对象的轮廓宽度、颜色以及样式等属性。在图形的绘制和操作中,对图形对象轮廓属性的相关设置都可在"轮廓笔"对话框中进行。选择"轮廓笔"选项或按下F12键,都可以打开"轮廓笔"对话框,如右图所示。

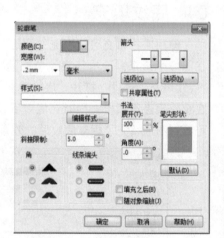

其中,"轮廓笔"对话框中的一些选项的说明介绍如下。

(1)"颜色"下拉按钮: 默认情况下,轮廓线颜色为黑色。单击该下拉按钮,在弹出的颜色面板中可以选择轮廓线的颜色。若这些颜色还不能满足用户的需求,可单击"其他"按钮,在打开的"选择颜色"对话框中选择颜色。

(2)"宽度"下拉列表框: 在该下拉列表框中可设置轮廓线的宽度,同时还可对其单位进行调整。

(3)"样式"下拉列表框: 单击该下拉按钮,在弹出的下拉列表中可设置轮廓线的样式,有实线和虚线以及点状线等多种样式。

(4)"角"栏: 在其中选择相应的单选按钮,即可设置图形对象轮廓线拐角处的显示样式。

(5)"线条端头"栏: 在其中选择相应的单选按钮,即可设置图形对象轮廓线端头处的显示样式。

(6)"起点和终点箭头样式"下拉列表框: 单击其下拉按钮,即可在弹出的下拉列表中设置为闭合的曲线线条起点和终点处的箭头样式。

(7)"默认"按钮: 在"展开"和"角度"数值框中设置轮廓线笔尖的宽度和倾斜角度后,单击该按钮即可恢复到默认状态。

（8）**"填充之后"复选框**：勾选该复选框后，轮廓线的显示方式调整到当前对象的后面显示。

（9）**"随对象缩放"复选框**：勾选该复选框后，轮廓线会随着图形大小的改变而改变。

✖ 例3-3 设计企业招聘海报

下面将利用前面所学的知识，练习制作一个招聘海报。

Step 01 新建文件，然后绘制矩形框，按Ctrl+Q组合键，将矩形转换为曲线。使用形状工具编辑添加节点，编辑曲线造型，效果如下左图所示。

Step 02 按Shift+F11组合键，设置颜色填充（C0、M15、Y50、K15）。使用右键单击调色板中的⊠，去除轮廓线，效果如下右图所示。

Step 03 按+键，复制图形。使用矩形工具在图形上面绘制矩形框，如下左图所示。

Step 04 按住Shift键，使用选择工具加选背景图形，在属性栏中单击"修剪"按钮⊡进行修剪。修剪之后得到一个新的图形，如下右图所示。

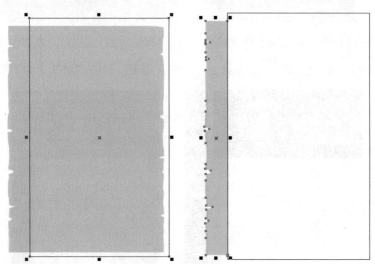

Step 05 按Shift+F11组合键，打开"均匀填充"对话框，设置颜色填充（C0、M40、Y85、K55），填充颜色后如下左图所示。

Step 06 打开"对齐与分布"泊坞窗。按住Shift键，使用选择工具选择所绘图形，在"对齐与分布"泊坞窗中单击"左对齐"与"底端对齐"，对齐后的效果如下右图所示。

Step 07 使用透明度工具自左到右拖动，创建透明度效果，如下左图所示。

Step 08 参照上述操作步骤，修剪制作出其他三个面。如下右图所示。

Step 09 按Shift+F11组合键，应用新的填充颜色（C0、M40、Y85、K55），如下左图所示。

Step 10 使用"对齐与分布"泊坞窗，分别居上、居右、居底，对齐源对象，如下右图所示。

Step 11 使用透明度工具拖动，为三个面添加透明度效果，效果如下左图所示。

Step 12 使用矩形工具绘制矩形，转换为曲线后使用形状工具编辑调节曲线，效果如下右图所示。

Step 13 按F11键设置线性渐变填充，颜色调和自左到右依次为：（C0、M15、Y50、K20）、（C0、M10、Y40、K15）、（C0、M35、Y75、K40）、（C0、M30、Y75、K30），如下左图所示。

Step 14 应用渐变填充后，去除轮廓线，其效果如下右图所示。

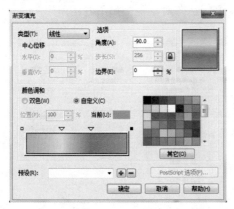

Step 15 按+键，复制对象，将其缩小后，按Ctrl+PageDown组合键，将其置于下一层，版面效果如下左图所示。

Step 16 复制对象，然后实施水平镜像操作，将其放置在下方，如下右图所示。

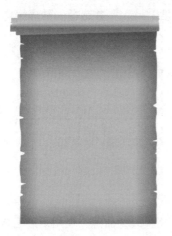

Step 17 使用椭圆形工具绘制正圆形。按F11键，设置"辐射"渐变，颜色调和从（C0、M15、Y50、K15）到（C0、M25、Y65、K30）。如下左图所示。

Step 18 应用辐射渐变填充后，去除轮廓线，如下右图所示。

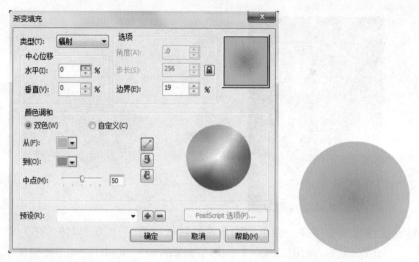

Step 19 创建复制更多的副本图形，并缩小排列在版面中，如下左图所示。

Step 20 按Ctrl+J组合键，打开"选项"对话框，设置"贴齐对象"，如下右图所示。

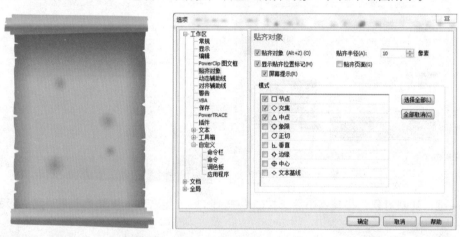

Step 21 按Ctrl键，使用矩形工具绘制正方形，使用手绘工具交叉绘制线条，如下左图所示。

Step 22 按F12键，打开轮廓笔对话框，设置轮廓宽度0.3mm，并选择一种虚线样式，如下右图所示。

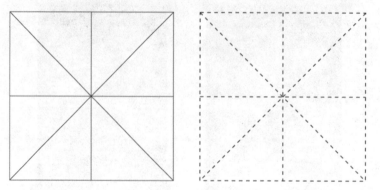

Step 23 使用文本工具输入文字，按Ctrl+Q组合键，将其转为曲线。使用矩形工具在以下部位绘制矩形框，如下左图所示。

Step 24 按住Shift键选择文字，在属性栏中单击"修剪"按钮，用矩形框修剪文字，修剪后使用形状工具删除多余的节点，得到如下右图所示的效果。

Step 25 继续修剪其他图形部分，得到如下左图所示的效果。

Step 26 按+键，复制原图形，继续修剪图形，得到如下右图所示的效果。

Step 27 删除左侧的结构，保留"人"字形。将"人"字形与图缶组合在一起，并为其填充红色，如下右图所示。

Step 28 与之前绘制的方格图组合，得到如下中图所示的效果。

Step 29 使用文本工具输入相应的文本，最终得到如下右图所示的效果。

02　设置轮廓线颜色和样式

在认识了"轮廓笔"对话框后，对图形轮廓线的调整自然就变得更加轻松。按下F12键打开"轮廓笔"对话框，在其中的"颜色"下拉按钮、"宽度"下拉列表框以及样式"下拉列表框中进行设置，如下左图所示，单击"确定"按钮。完成后结合属性滴管工具，快速为其他线条图形应用相同的轮廓设置，如下右图所示。

　　轮廓线不仅针对图形对象而存在，同时也针对绘制的曲线线条。在绘制有指向性的曲线线条时，有时会需要对其添加合适的箭头样式。CorelDRAW X6中自带了多种箭头样式，用户可根据需要进行设置。

　　曲线箭头的样式设计很简单，首先利用钢笔工具绘制未闭合的曲线线段，如下左图所示。接着单击轮廓工具，在弹出的面板中单击选择"轮廓笔"选项，打开"轮廓笔"对话框。为了让箭头效果明显，用户可以先设置线条的颜色、宽度和样式，然后分别在"起点和终点箭头样式"下拉列表框中设置线条的箭头样式，完成后单击"确定"按钮，此时的曲线线条变成了带有样式的箭头线条效果，效果如下右图所示。

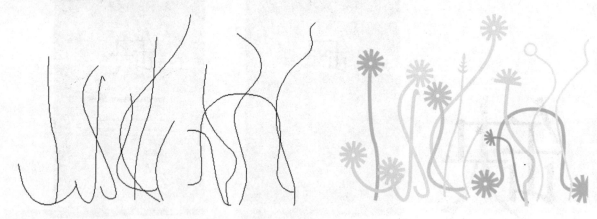

⦿ 设计师训练营 绘制液晶显示器

　　本例我们来绘制一个显示器，整个实例由三部分组成，首先利用矩形工具绘制显示器的屏幕部分，再结合椭圆形工具绘制下面的支持部分，最后绘制按钮等细节部分。下面将对其具体操作进行介绍。

Step 01 执行"文件>新建"命令，新建一个文件。绘制一个矩形，然后选择形状工具 ↖，将鼠标光标放在矩形任意一个角的黑色方块上，拖动鼠标得到一个圆角矩形，并为其填充黑色，如下左图所示。

Step 02 按+键复制一个圆角矩形，将其缩小并适当调整位置，利用渐变填充工具█填充80%的灰色到黑色的渐变，如下右图所示。

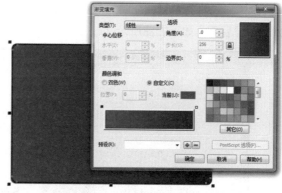

Step 03 利用矩形工具▢绘制一个矩形，利用渐变填充工具█填充黑色到80%的灰色渐变，角度为-90°，如下左图所示。

Step 04 按+键复制一个矩形，利用选择工具▧选中图形，将光标放在四角中的任意一角，同时按住Shift键，将矩形等比例原位缩小。利用渐变填充工具█填充浅蓝（C60、M40、Y0、K0）到蓝色（C100、M100、Y0、K0）的径向渐变，如下右图所示。

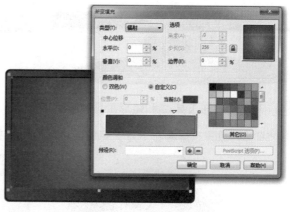

Step 05 在屏幕下方绘制一个矩形，利用渐变填充工具█填充颜色，如下左图所示。

Step 06 选择黑色的边框部分，按+键复制一个圆角矩形，并将其修剪调整，填充70%到20%的线性渐变，如下右图所示。

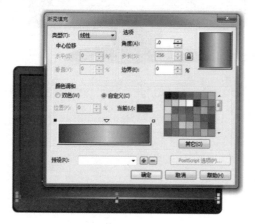

Step 07 用同样的方法绘制屏幕的反光部分，填充（C40、M0、Y0、K0）到（C60、M40、Y0、K0）的渐变，如下左图所示。

Step 08 利用矩形工具□绘制一个圆角矩形，并填充70%的灰到黑色的渐变，然后按Shift＋PgUp组合键将其置于图层后面，如下右图所示。

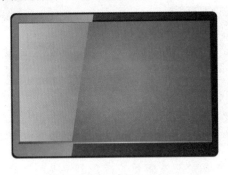 

Step 09 利用"贝塞尔工具" ↘绘制底部，并填充不同的渐变色，效果如下左图所示。

Step 10 选择前面绘制的圆角矩形，按住Ctrl键，将鼠标光标放在上方中间的黑色方块上，拖动鼠标向下，同时右击鼠标，复制一个圆角矩形，先选中下方的半圆形，再选中刚复制的圆角矩形，在属性栏中单击"相交"按钮▣，效果如下右图所示。

Step 11 利用椭圆形工具○和矩形工具□绘制开机按钮，如下左图所示。

Step 12 将按钮放置在屏幕右下方，完成最终效果如下右图所示。

1. 选择题

（1）若想实现下图的填充效果，采用下列哪种填充方式最容易实现（　　）。

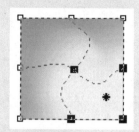

　　A. 网状填充　　　　　　　　B. 交互式填充

　　C. 渐变填充　　　　　　　　D. 图样填充

（2）以下各项属性无法通过设置轮廓笔来实现的是（　　）。

　　A. 轮廓的宽度　　　　　　　B. 轮廓的颜色

　　C. 轮廓的样式　　　　　　　D. 图形填充色

2. 填空题

（1）颜色滴管工具主要应用于吸取换面中图形的颜色，如果希望对应用程序外的对象进行颜色取样，可以选择_____按钮。

（2）渐变填充的类型包括"线性"、"辐射"、"_____"和"_____"4种渐变样式。

（3）轮廓笔工具主要用于调整图形对象的轮廓宽度、颜色以及样式等属性。可以使用快捷键_____打开轮廓笔对话框进行相应的设置。

3. 上机题

利用本章所学知识绘制一个如右图所示的微波炉。

操作提示

整个实例将分为三个部分进行制作，首先利用矩形工具绘制箱体部分，然后再利用椭圆形工具绘制按钮，最后加上高光以及阴影完成最终效果。

Chapter 04

编辑对象

完成基本的图形绘制之后，用户可通过各种变换操作对图形实施变换处理，从而绘制出更为复杂的图形，如可以通过镜像、自由变换、裁剪、涂抹等工具对已经绘制好的图形进行编辑加工，以达到设计的目的。本章我们就来学习对图形对象的基本操作。

重点难点

● 图形的变换

● 对象的查找与替换

● 对象的各种编辑操作

图形对象的基本操作

图形对象指的是在CorelDRAW的页面或工作区中进行绘制或编辑操作的图形，它是CorelDRAW X6的灵魂载体。图形对象的基本操作包括复制对象，剪切对象，粘贴对象，步长和重复以及撤销与重做操作等。

01 复制对象

复制对象很容易理解，就是复制出一个与之前的图案一模一样的图形对象，其常见的方法包含以下3种。

方法1：命令复制对象，使用"选择工具"单击需要进行复制的图像对象，执行"编辑>复制"命令，再执行"编辑>粘贴"命令，即可在图形原有位置上复制出一个完全相同的图形对象。

方法2：快捷键复制对象，选择对象后按Ctrl+C组合键对图像进行复制，然后按Ctrl+V组合键，可快速对复制的对象进行原位粘贴。

方法3：鼠标左键复制对象，这也是最常使用和最为快捷的复制图形对象的方法。选择图形对象，如下左图所示，按住鼠标左键不放，拖动对象到页面其他位置，如下中图所示，此时单击鼠标右键即可复制该图形对象，如下右图所示。

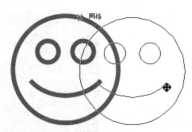

知识链接　原位复制对象

拖动对象时按住Shift键，可在水平和垂直方向上移动或复制对象。当然，选择图形对象后在键盘上按下+键，也可在原位快速复制出图形对象，连续按下+键即可在原位复制出多个相同的图形对象。

02 剪切与粘贴对象

为了让用户更方便地对图形进行操作，一般是将剪切和复制图形对象的操作进行结合使用。

剪切对象的操作方法如下：

方法1：在对象上右击，在弹出的菜单中选择"剪切"命令即可。

方法2：选择对象后按下Ctrl+X组合键，即可将对象剪切到剪贴板中。

而粘贴对象则更简单，同其他应用程序一样，只需按下Ctrl+V组合键即可，需要注意的是，剪切对象和粘贴对象都可在不同的图形文件之间或不同的页面之间进行，以方便用户对图形内容的快速运用。

✖ 例4-1 设计商场吊旗广告

下面将利用前面所学知识练习制作一个商场店庆吊旗。

Step 01 新建文件，使用矩形工具绘制矩形，按F11键，设置"辐射"渐变填充，颜色调和从（C0、M100、Y100、K60）到（C0、M100、Y100、K0），其他设置如下左图所示。

Step 02 应用渐变填充后，使用右键单击调色板中的⊠，去除轮廓线，如下右图所示。

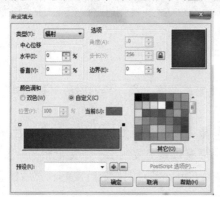

Step 03 选择多边形工具，在属性栏中设置边数为3，拖动绘制三角形，如下左图所示。

Step 04 将鼠标光标放在顶端中心节点的位置，当箭头成为上下箭头↕状态时，按住Ctrl键，垂直向下拖动，单击右键松左键，完成垂直复制，如下右图所示。

Step 05 在矩形工具属性栏中设置左下角与右下角的"圆角半径"，单击中间的图标🔒，解锁后可对任意一角设置圆角半径，如下左图所示。

Step 06 应用圆角半径后效果如下右图所示。

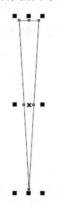

Step 07 使用选择工具框选对象，然后在对象上单击，四周会出现旋转锚点，如下左图所示。

Step 08 将鼠标光标放在右上角会出现旋转手柄，按住Ctrl键，向右拖动会以15°角旋转，单击右键松左键，复制图形。连续按Ctrl+R组合键，创建更多副本，如下右图所示。

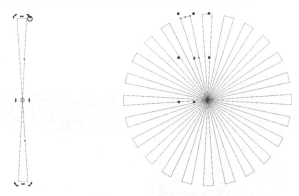

Step 09 按Ctrl+L组合键结合对象。选择属性滴管工具，在属性栏中勾选"填充"复选框，取消勾选其他选项。当鼠标光标成为吸管状态时，在图上单击，吸取渐变颜色。光标成为油漆桶后，在新对象上单击，将渐变属性填充到新的对象中，如下左图所示。

Step 10 右键单击调色板中的☒，去除轮廓线。执行"效果>图框精确剪裁>置于图文框内部"命令，将对象置入到圆角矩形中，置入后的初始效果如下右图所示。

Step 11 在图形上单击右键，选择"编辑PowerClip"命令，对置入的图形进行编辑。编辑后的效果如下左图所示。

Step 12 按Ctrl+I组合键，导入素材图像，按R键、T键与吊旗居上对齐。使用"透明度工具"在图像上面拖动，添加透明度效果，使图像边缘虚化，效果如下右图所示。

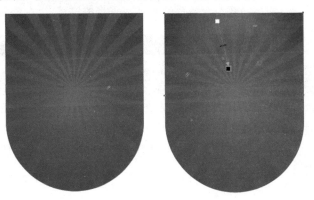

Step 13 使用轮廓图工具，添加"5mm"的外部轮廓。按Ctrl+I组合键，导入其他素材图像，如下左图所示。

Step 14 使用文本工具输入文字，并设置渐变色，按F12键，设置黑色描边效果。复制副本，填充颜色（C0、M0、Y40、K0），设置轮廓颜色（C0、M0、Y40、K0），轮廓宽度"20mm"。复制副本，填充黑色，设置轮廓颜色（C0、M0、Y0、K100），轮廓宽度"30mm"，三次制作分解如下右图所示。

Step 15 使用选择工具框选三个文本对象，按C键、E键，居中对齐，叠加在一起，如下左图所示。

Step 16 使用文本工具输入底部文字，并适当排列图文关系，完成制作，效果如下右图所示。

03 再制对象

在CorelDRAW X6中，再制对象与复制相似。不同的是，再制对象是直接将对象副本放置到绘图页面中，而不通过剪切板进行中转，所以不需要进行粘贴，同时再制的图形对象不是直接出现在图形对象的原来位置，而是与初始位置之间有一个默认的水平或垂直的位移。

知识链接 再制图形对象

再制图形对象还有另一种方法，选择图形对象后按住鼠标右键拖动图形，到达合适的位置后释放鼠标，此时自动弹出快捷键菜单，选择"复制"命令即可。

再制图形对象可通过菜单命令实现。使用选择工具选择需要进行再制的图形对象，执行"编辑＞再制"命令或按下组合键Ctrl+D，即可在原对象的右上角方向再制出一个与原对象完全相同的图形，如下图所示。

04　认识"步长和重复"泊坞窗

　　在实际的运用中，还会遇到需要精确地进行对对象的再制操作，此时可借助"步长和重复"泊坞窗快速复制出多个有一定规律的图形对象，对图形对象进行编辑操作。执行"编辑＞步长和重复"命令，或按下组合键Ctrl＋Shift＋D，即可在绘图页面右侧显示"步长和重复"泊坞窗。如下右图所示为设置水平偏移15mm，垂直偏移5mm，偏移份数为5的效果。

知识链接　快速调整图形

　　选择图形对象后，可同时对水平和垂直方向进行设置，提高操作速度。

05　撤销与重做

　　在CorelDRAW X6中绘制图像时，常会使用到撤销和重做这两个操作，以方便对所绘制的图形进行修改或编辑，从而让图形的绘制变得更加轻松。

　　撤销操作即将这一步对图形执行过的操作默认删除，从而返回到上一步情况下的图形效果中。在CorelDRAW中，撤销操作有3种方法。

　　方法1：与大多数图像处理类软件一样，按下组合键Ctrl＋Z撤销上一步的操作。若重复按组合键Ctrl＋Z，则可一直撤销操作到相应的步骤。

　　方法2：执行"编辑＞撤销"命令，即可撤销上一步的操作。

　　方法3：通过在标准工具栏中单击"撤销"按钮进行撤销。

专家技巧　撤销与重做的关系

　　撤销操作是重做操作的前提，只有执行过撤销操作，才能激活标准工具栏中的"重做"按钮。重做即对撤销的操作步骤进行自动重做，可通过单击"重做"按钮或执行"编辑＞重做"命令。

Section 02 变换对象

在CorelDRAW X6中，图形对象的变换操作包括镜像对象，对象的自由变换，对象的坐标，对象的精确变换，对象的造型等。掌握图形对象的变换操作可以让图形对象的运用更加灵活多变，从而符合更多的需求环境。

01 镜像对象

镜像对象是指快速对图形对象进行对称操作，可分为水平镜像和垂直镜像。水平镜像是图形沿垂直方向的直线做标准180°旋转操作，快速得到水平翻转的图像效果；垂直镜像是图形沿水平方向的直线做180°旋转操作，得到上下翻转的图像效果。

镜像图形对象的方法比较简单，只需选择需要调整的图形对象，然后在属性栏中单击"水平镜像"按钮或"垂直镜像"按钮即可执行相应的操作。如下两幅图所示分别为原图形和通过垂直镜像复制后的图形对比效果。

✖ 例4-2 设计舞蹈学校招生广告

下面将利用前面所学的知识，练习制作一个招生广告。在设计过程中，使用矩形工具▢构建版面框架；使用渐变工具■来完成背景的处理。

Step 01 执行"文件>新建"命令，新建一个A4大小的新文件，在属性栏中设置当前页面尺寸大小为"210mm×285mm"，即印刷中的常用大16K尺寸。

Step 02 双击工具箱中的矩形工具▢，生成一个矩形框，然后按F11键，打开"渐变填充"对话框，选择"线性"渐变，渐变角度设置"97"，边界"3"，选择自定义设置渐变颜色，5个色值从左到右依次为（C0、M100、Y0、K0）、（C20、M80、Y0、K20）、（C0、M60、Y100、K0）、（C0、M0、Y100、K0）、（C40、M0、Y100、K0）。渐变设置如下左图所示，填充后的效果如下右图所示。

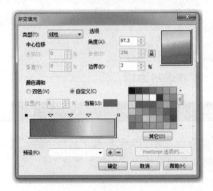

Step 03 使用鼠标右键单击调色板上的☒，去除矩形的轮廓边。使用矩形工具▢绘制矩形，并为其填充白色，在属性栏中设置圆角半径为6mm。并去除轮廓线，如下左图所示。

Step 04 按F8键，使用文本工具✐输入文字，并适当调整大小，填充颜色设置为（C0、M100、Y0、K0），如下右图所示。

Step 05 运用同样的方法，使用文本工具✐处理其他文字，制作出的效果如下左图所示。

Step 06 使用选择工具▸，选择"舞"字，按小键盘上的+键复制一个副本。在属性栏中选择垂直镜像▤，然后移动到下方位置。使用透明度工具▧，自上向下拖动，创建淡化倒影效果，如下右图所示。

Step 07 按Ctrl+I组合键，导入一张素材图片。按Ctrl+PageDown组合键，将图片置于"舞"字的后面，如下左图所示。

Step 08 按Ctrl+I组合键，导入少儿的图片，使用透明度工具▧处理倒影效果，如下右图所示。

Step 09 使用矩形工具□绘制矩形，按F11键，设置渐变填充，颜色调和设置为"双色"，色值从（C0、M100、Y0、K0）到（C20、M80、Y0、K20）。渐变设置如下左图所示，填充后的效果如下右图所示。

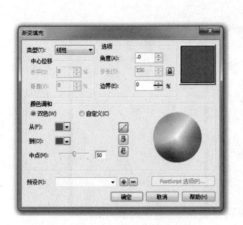

Step 10 使用"文本工具"字在矩形框内输入文字，然后绘制矩形框，并输入文字，在属性栏中设置字号为8pt。按Ctrl＋T组合键打开"文本属性"泊坞窗，设置对齐方式为"两端对齐"，段落首行缩进6mm，行距为130%。文本属性设置如下左图所示，应用后的效果如下右图所示。

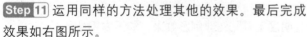

Step 11 运用同样的方法处理其他的效果。最后完成效果如右图所示。

02 对象的自由变换

图形对象的自由变换可通过两种方式实现，其一通过直接旋转变换图形对象；其二是通过自由变换工具对图形对象进行自由旋转、镜像、调节、扭曲等操作。下面将对其操作进行详细介绍。

1. 直接旋转图形对象

在CorelDRAW X6中可通过直接旋转图形对象进行变换。这个操作有两个实现途径，一种是使用选择工具选择图形对象后，在选择工具属性栏的"旋转角度"文本框中输入相应的数值后按下Enter键确认旋转。

另一种方法是选择图形对象后再次单击该对象，此时在对象周围出现旋转控制点，如下左图所示。将鼠标光标移动到控制点上，单击并拖动鼠标，此时在页面中会出现以蓝色线条显示的图形对象的线框效果，当调整到合适的位置后释放鼠标，图形对象会发生相应的变化，如下右图所示。

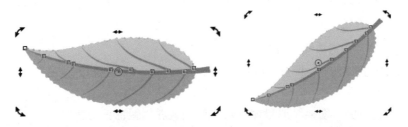

知识链接 图形对象的缩放

图形对象的缩放即对图形进行放大或缩小操作，其方法是单击选择工具，选择需要缩放的图形对象后将鼠标光标移动到对角的黑色控制点上，单击并向下拖动图像到合适的位置后释放鼠标即可。

2. 使用工具自由变换对象

自由变换工具是针对图形的自由变换而产生的，使用自由变换工具可以对图形对象进行自由旋转、自由镜像、自由调节、自由扭曲等操作。单击"自由变换"工具，即可查看其属性栏，如下图所示。在其中显示出一排工具按钮，下面将分别对其中一些常用工具按钮的作用进行介绍。

（1）**自由旋转工具** ⊙：单击该工具，在图形上任意位置单击定位旋转中心点，拖动鼠标，此时显示出蓝色的线框图形，待旋转到合适的位置后释放鼠标，即可让图形沿中心点进行任意角度的自由旋转。

（2）**自由角度反射工具** ⊿：单击该工具，然后在图形上任意位置单击定位镜像中心点，拖动鼠标即可让图形沿中心点进行任意角度的自由镜像图形。需要注意的是，该工具一般结合"应用到再制"按钮使用，可以快速复制出想要的镜像图形效果。

（3）**自由缩放工具** ⊡：该工具与"自由角度反射工具"相似，一般与"应用到再制"按钮结合使用。

（4）**自由倾斜工具** ⊿：单击该工具，在图形上任意位置单击定位扭曲中心点，拖动鼠标调整图形对象。

（5）**"应用到再制"按钮** ≡：单击该按钮，对图形执行旋转等相关操作的同时会自动生成一个新的图形，这个图形即变换后的图形，而原图形保持不动。

03 精确变换对象

对象的精确变换是指在保证图形对象精确度不变的情况下，精确控制图形对象在整个绘图页面中的位置、大小以及旋转的角度等因素。要实现图形对象的精确变换，这里提供了两种方法，下面将分别对其进行介绍。

1. 使用属性栏变换图形对象

使用选择工具选择图形对象后，即可查属性栏，如下图所示。

在选择工具属性栏中的"对象位置"、"对象大小"、"缩放因子"和"旋转角度"数值框中输入相应的数值，即可对图形对象进行变换。同时，单击旁边的"锁定比率"按钮，还可对比率进行锁定。

2. 使用"变换"泊坞窗变换图形对象

执行"窗口>泊坞窗>变换>位置"命令，或按Alt+F7组合键即可打开"变换"泊坞窗。

默认情况下，打开的"变换"泊坞窗停靠在绘图区右侧颜色板的旁边，此时还可拖动泊坞窗使其成为一个单独的浮动面板。分别单击"位置"按钮、"旋转"按钮、"缩放和镜像"按钮、"大小"按钮和"倾斜"按钮，可切换到不同的面板，从中轻松调整图形对象的位置、旋转、缩放和镜像、大小、倾斜等效果。

04 对象的坐标

在CorelDRAW X6中，可以使用对象坐标对图形在整个页面中的位置进行精确调整。执行"窗口>泊坞窗>对象坐标"命令，即可显示"对象坐标"泊坞窗。

在"对象坐标"泊坞窗中可分别单击"矩形"按钮、"椭圆形"按钮、"多边形"按钮、"2点线"按钮和"多点线"按钮以切换到不同的面板，在其中显示出了图形对象在页面中X轴和Y轴的位置以及大小、比例等相关选项，在其中可针对不同图形在页面中的位置进行调整和控制。

05 对象的造型

图形对象的变换包括图形对象的造型，通过两种图形快速进行图形的特殊造型。执行"窗口>泊坞窗>造型"命令，如右图所示。

在"造型"泊坞窗的"造型"下拉列表框中提供了焊接、修剪、相交、简化、移除后面对象、移除前面对象、边界7种造型方式。下面将对常用的几种造型功能进行详细的介绍。

1. 焊接对象

焊接对象即将两个或多个对象合为一个对象。焊接对象的操作方法如下：

首先选择一个图形对象，并适当调整对象位置以满足图形要求，如下左图所示。随后打开“造形”泊坞窗，从中选择“焊接”选项，单击“焊接到”按钮，将鼠标光标移动到页面中。当光标变为焊接形状时，在另一个对象上单击即可将两个对象焊接为一个对象。完成焊接操作后，可以看到在焊接图形对象的同时，也为新图形对象运用了源图形对象的属性和样式，如下右图所示。

2．修剪对象

修剪对象即使用一个对象的形状去修剪另一个形状，在修剪过程中仅删除两个对象重叠的部分，但不改变对象的填充和轮廓属性。修剪图形对象的方法如下：

选择如左下图所示的图形对象，在“造形”泊坞窗中选择“修剪”选项。单击“修剪”按钮，将鼠标光标移动到页面中，当光标变为🔖形状时，在另一个对象上单击即可完成修剪，效果如下右图所示。

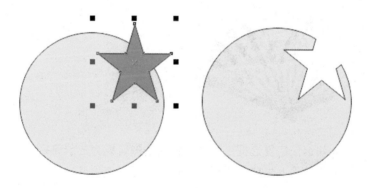

3．相交对象

相交对象即使两个对象的重叠相交区域成为一个单独的对象图形。相交图形象的操作方法如下：

选择如下左图所示的图形对象，在“造形”泊坞窗中选择“相交”选项，单击“相交对象”按钮，将鼠标光标移动到页面中。当光标变为🔖形状时，在另一个对象上单击即可创建出这两个图形相交的区域形成的图形，如下右图所示。

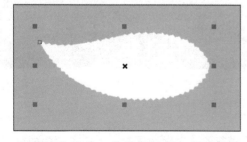

需要注意的是，若使用选择工具选择这个新图形，将其移动到页面的其他位置，即可显示原来的图形效果。

4. 简化对象

简化对象是修剪操作的快速方式，即沿两个对象的重叠区域进行修剪。简化对象的操作方法如下：

打开如下左图所示的图形对象，同时框选这两个图形对象，在"造形"泊坞窗中选择"简化"选项，然后单击"应用"按钮即可。完成简化后，使用选择工具移动圆形。可看到简化后的图形效果，如下右图所示。

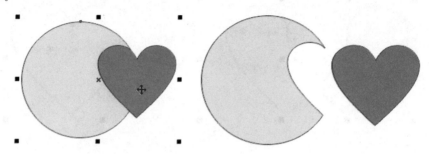

5. 边界

使用边界可以快速将图形对象转换为闭合的形状路径。执行边界的操作方法如下：

选择图形对象后，在"造形"泊坞窗中选择"边界"选项，单击"应用"按钮，即可将图形对象转换为形状路径。如下图所示分别为边界前和边界后的图形效果。

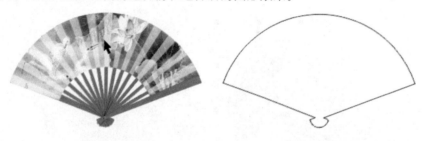

需要说明的是，若不勾选任何复选框，则是直接将图形替换为形状路径。若勾选"保留原对象"复选框，则是在原有图形的基础上生成一个相同的形状路径，使用选择工具移动图形，即可让形状路径单独显示。

Section 03 查找和替换

CorelDRAW中的查找和替换功能可以说是一种快捷系统的体现，这两个功能多用于版式的编排工作中，可同时在多页图像中进行文本和内容的查找和替换。

01 查找文本

在CorelDRAW X6中，查找文本是针对文字的编辑而进行的，主要用于对一大段文章中的个别文字或字母进行查找或修改。此时使用查找文本操作，可将需要修改的文字或字母在文章中进行快速定位。查找文本的操作方法如下：

执行"编辑＞查找并替换＞查找文本"命令，打开"查找下一个"对话框。在"查找"文本框中输入需要查找的内容。单击"查找下一个"按钮，此时即可看到，需要查找的内容以反白形式显示，如下右图所示。

矢量图是根据几何特性来绘制图形，矢量可以是一个点或一条线，矢量图只能靠软件生成，文件占用内在空间较小，因为这种类型的图像文件包含独立的分离图像，可以自由无限制的重新组合。它的特点是放大后图像不会失真，和分辨率无关，适用于图形设计、文字设计和一些标志设计、版式设计等。

若继续单击"查找下一个"按钮，CorelDRAW则会自动对段落文本中其他位置的相同内容进行查找，找到相应内容并使其反白显示。在完成对文章的查找后会弹出相应的信息提示框，此时单击"确定"按钮即可关闭对话框。

02　替换文本

替换文本是依附查找文本而存在的，它能快速将查到的内容替换为需要的文本内容。替换文本的操作与查找文本的方法相似，即执行"编辑>查找并替换文本>替换文本"命令，打开"替换文本"对话框。在"查找"文本框和"替换"文本框中依次输入要查找和替换的内容，如下图所示。然后单击"替换"按钮，便会完成指定的替换操作。

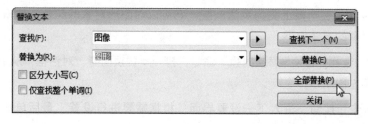

03　查找对象

查找对象是针对相关图像效果，它与查找文本相似，不同的是这里查找的是独立的图形对象，该功能多用于复杂的图像中对需要修改的图形对象进行查找。查找对象的具体操作方法如下：

Step 01 执行"编辑>查找并替换>查找对象"命令，打开"查找向导"对话框。

Step 02 单击"下一步"按钮，在打开的界面中选择要查找的图像类型，在此勾选"椭圆形"复选框。选择结束后单击"下一步"按钮，根据向导提示进行设置。

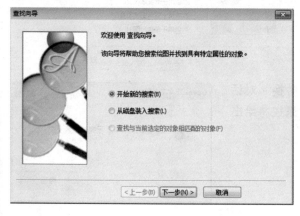
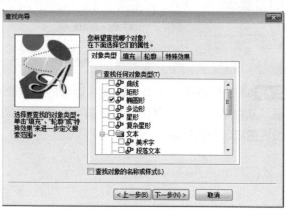

Step 03 单击"完成"按钮，完成对该图形的查找，如下图所示。

Step 04 完成上述查找操作后，系统会自动选择图形中最开始位置的椭圆形对象，同时也弹出如下图所示的"查找"对话框，从中若单击"查找下一个"按钮即可选择下一个星形对象，若单击"查找全部"按钮，则将图形中所有的椭圆形对象全部选中。

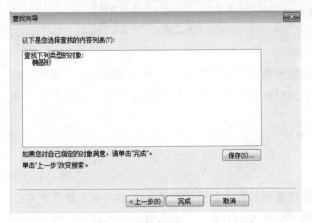

04 替换对象

替换对象比替换文本在功能上更为灵活一些，它可以对图形对象的颜色、轮廓笔属性、文本属性等进行替换。替换对象的方法如下。

Step 01 执行"编辑>查找并替换>替换对象"命令，打开"替换向导"对话框，从中默认选择的是"替换颜色"选项，如下左图所示。

Step 02 单击"下一步"按钮，进入下一设置界面，根据需要进行设置，最后单击"完成"按钮，如下右图所示。

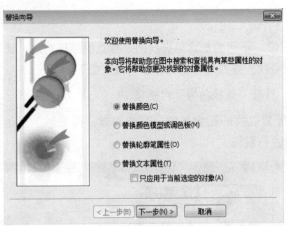

Step 03 随后将弹出类似于查找对话框的"查找并替换"对话框，从中单击"全部替换"按钮即可。替换完成后系统将给出如右图所示的提示信息。

组织编辑对象

在掌握了图形对象的基本操作和变换等相关操作后，这里针对使用工具对图形对象的简易编辑进行介绍，这些工具包括涂抹笔刷工具、裁剪工具、刻刀工具和橡皮擦等工具。

01 形状工具

在对曲线对象进行编辑时，针对其节点的操作大多可通过形状工具属性栏中的按钮来进行，将图形对象转换为曲线对象后，才能激活形状工具的属性栏，下面将对常用按钮及其功能进行介绍。

- **"添加节点"按钮**：单击该按钮表示可在对像原有的节点上添加新的节点。
- **"删除节点"按钮**：单击该按钮表示将对像上多余或不需要的的节点删除。
- **"连接两个节点"按钮**：单击该按钮即可将曲线上两个分开的节点连接起来，使其成为一条闭合的曲线。
- **"断开曲线"按钮**：单击该按钮即可将闭合曲线上的节点断开，形成两个节点。
- **"尖突节点"按钮**：单击该按钮即可将对象上的节点变为尖突。
- **"平滑节点"按钮**：单击该按钮即可将尖突的节点变为平滑的节点。

1. 添加和删除节点

图形对象上的节点是对图像形状的一个精确控制，将对象转换为曲线后单击形状工具。此时图形对象上出现节点。如下左图所示，将鼠标光标移动到对象的节点上，双击节点即可删除该节点。此时也可单击节点后在属性栏中单击"删除节点"按钮，删除节点。删除节点后改变了图形的形状，如下中图所示。另外，在图形上没有节点处双击或单击属性栏中的"添加节点"按钮，也可添加节点以改变图形形状，如下右图所示。

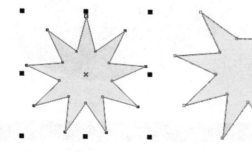

2. 分割和连接曲线

若要在使用曲线绘制的图形上填充颜色，则需要将断开的曲线连接起来，而有时为了方便进行编辑，也可以将连接的曲线进行分割操作，以便对其进行分别调整。当在连接节点时需注意，应先同时选择需要连接的两个节点，然后单击属性栏中的"连接两个节点"按钮即可。分割曲线则是右击节点，在弹出的快捷菜单中选择"拆分"命令。

3. 调整节点的尖突与平滑

调整节点的尖突与平滑可以从细微处快速调整图像的形状。方法与其他调整相似，只需选择需要调整的节点，在属性栏中单击"尖突节点"按钮和"平滑节点"按钮，即可执行相应的操作。

02 涂抹笔刷工具

使用涂抹笔刷可以快速对图形进行任意的修改。涂抹笔刷工具的使用方法如下：

选择如下左图所示的图形对象，单击涂抹笔刷工具，在其属性栏的"笔尖大小"、"水分浓度"、"斜移"、"方位"数值框中进行相应参数的设置。完成后在图像中从内向外拖动，即可为图形添加笔刷涂抹部分，并以图形的相同颜色进行自动填充，如下中图所示。若从外向内拖动，则可删除笔刷涂抹的部分，其效果如下右图所示。

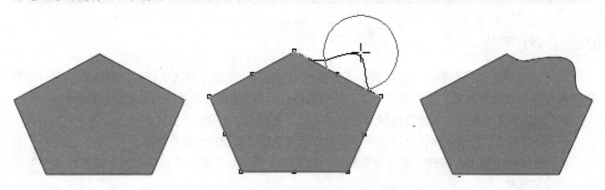

03 粗糙笔刷工具

在CorelDRAW X6中，用户可以使用粗糙笔刷对图形平滑边缘进行粗糙处理，使其产生裂纹、破碎或撕边的效果，让单纯的图形效果多变。粗糙笔刷的使用方法如下：

选择如下左图所示的图形对象，单击粗糙笔刷工具，在其属性栏的"笔尖大小"、"尖突频率"、"水份浓度"、"斜移"数值框中设置相应的参数，完成后将笔刷移动到图形上，在图形边缘处拖动，即可使其形成粗糙边缘的效果，如下右图所示。

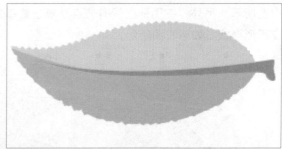

专家技巧 粗糙笔刷的使用限制

在CorelDRAW X6中，使用粗糙笔刷可以为图形边缘添加尖突效果。但应注意，若此时导入的为位图图像，则需要将位图图像转换为矢量图形，才能对其使用粗糙笔刷工具，否则会弹出提示对话框，提示该对象无法使用此工具。

04 刻刀工具

使用刻刀工具可对矢量图形或位图图像进行裁切操作，但值得注意的是，刻刀工具只能对单一图形对象进行操作。下面将对刻刀工具的使用方法进行介绍。

单击刻刀工具![icon]，在属性栏中根据需要进行选择。随后在图像中对象的边缘位置单击并拖动鼠标，如下左图所示，此时当刻刀图标到达图形的另一个边缘时，被裁剪的部分将自动闭合为一个单独的图形，此时还可使用选择工具移动被裁剪的图形，让裁剪效果更真实，如下右图所示。

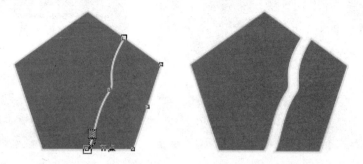

🔄 **知识链接** 属性栏选项的介绍

"剪切时自动闭合"按钮![icon]，表示此时闭合分割对象形成的路径，此时分割后的图形成为一个单独的图像。

"保留一个对象"按钮![icon]，表示将对象分割为两个子路径，但是仍将其保留为单一的对象。

05　裁剪工具

使用裁剪工具可以将图片中不需要的部分删除，同时保留需要的图像区域。下面将对裁剪图形对象的方法进行介绍。

单击裁剪工具![icon]，当鼠标光标变为![icon]形状时，在图像中单击并拖动裁剪控制框。此时框选部分为保留区域，颜色呈正常显示，框外的部分为裁剪掉的区域，颜色呈反色显示，如下左图所示。此时可在裁剪控制框内双击或按下Enter键确认裁剪，裁剪后得到的效果如有下右图所示。

06　橡皮擦工具

很多设计软件中都有橡皮擦软件，当然CorelDRAW X6也不例外，使用该工具可以快速对矢量图形或位图图像进行擦除，从而让图像达到更为令人满意的效果。

单击橡皮擦工具![icon]，在属性栏的"橡皮擦厚度"数值框中设置参数，调整橡皮擦擦头的大小。同时还可单击"橡皮擦形状"按钮![icon]，默认橡皮擦擦头为圆形，单击该按钮后，该按钮变为![icon]形状，此时则表示擦头为方形。完成后在图像中需要擦除的部分上单击并拖动鼠标，即可擦除相应的区域。使用橡皮擦形状擦除图像前后的效果如下图所示。

 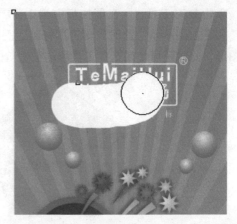

在使用橡皮擦工具擦除的过程中双击，则擦除擦头所覆盖的该区域图形。还可以单击后拖动鼠标，到合适的位置后再次单击，此时擦除的则是这两个点之间的区域图形。橡皮擦工具只能擦除单一图形对象或位图，而对于群组对象、曲线对象则不能使用该功能，且擦除后的区域会生成子路径。

🎙 **设计师训练营** 设计制作吊牌

本实例我们来绘制一个卡通吊牌。整个实例将分为两个部分进行制作，首先绘制圆角矩形并创建双色图样填充效果，通过绘制和复制正圆创建出花朵素材，然后通过复制花朵素材创建出蕾丝花边效果，接下来使用钢笔工具 🖊 和椭圆形工具 ⭕ 绘制卡通松鼠图形，完成本实例的制作。

Step 01 执行"文件>新建"命令，打开"创建新文档"对话框，参照下左图所示，设置页面大小，单击"确定"按钮完成设置，即可创建一个新文档。

Step 02 双击工具箱中的矩形工具 🔲，贴齐视图创建一个同等大小的矩形，然后选择形状工具 🔧 参照下右图所示，在属性栏中调整参数，创建圆角矩形。

 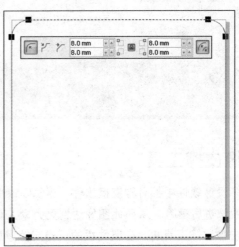

Step 03 选中上一步创建的圆角矩形，单击工具箱中的填充工具 🖌，在弹出的列表中选择"图样填充"选项，参照下图所示，在弹出的"图样填充"对话框中调整图案的颜色，然后单击"确定"按钮，创建图样填充效果。

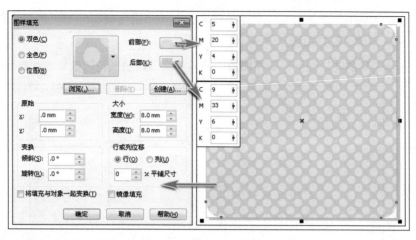

Step 04 复制并配合Shift键缩小前面创建的圆角矩形，调整填充色为白色，效果如左下图所示。

Step 05 参照下右图所示，使用椭圆形工具◎配合Ctrl键绘制正圆，并使用最小的圆减去稍大的圆，创建圆环图形。

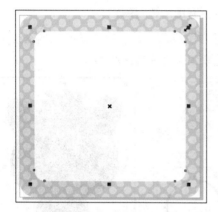
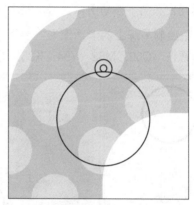

Step 06 继续上一步的操作，参照下图所示，首先双击圆环调整中心点至大圆中心位置，旋转圆环并右击复制圆环图形，其次使用组合键Ctrl+D复制一圈圆环图形，然后选中所有正圆及圆环，单击属性栏中的"合并"按钮◻，将图形焊接在一起。

Step 07 单击属性栏中的"垂直镜像"按钮◻，水平翻转图形，接下来复制并缩小合并的图形，并使用小的合并图形减去大的合并图形，继续缩小合并图形，最后使用正圆修剪最小的合并图形，完成花朵的绘制。

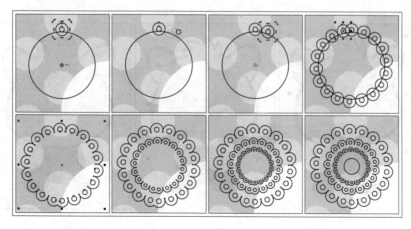

Step 08 为上一步创建的图形填充白色，并取消轮廓色，按下组合键Ctrl+G，对花朵图形进行编组，水平向右复制花朵，创建出花边图形，效果如下左图所示。

Step 09 复制上一步创建的花边图形，调整图形的旋转角度创绘制出花边效果，如右下图所示。

Step 10 接下来为吊牌打孔，参照下左图所示，首先使用椭圆形工具 绘制一个正圆，同时选中正圆和双色填充圆角矩形，使用T、L键使图形向上和向左对齐，然后在属性栏中设置微调距离参数，选中正圆使用方向键向左和向下移动图像，将视图中的所有图形进行编组。

Step 11 接着开始绘制吊牌上的卡通图形，参照下右图所示，首先使用钢笔工具 绘制松鼠的基本形态，填充颜色为褐色（C52、M82、Y94、K26）并取消轮廓线的颜色。

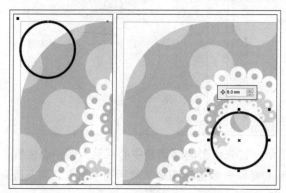 

Step 12 下面开始为松鼠图形上色，参照下图所示，首先使用钢笔工具 绘制松鼠头部，设置填充色为粉红色（C0、M54、Y27、K0），其次继续绘制不规则图形并创建其与头部相交的图形，设置填充色为黄色（C0、M0、Y27、K0），然后绘制松鼠的身体和前肢，最后继续使用图形相交的方法绘制出松鼠的后肢。

Step 13 下面参照下图所示的步骤，绘制松鼠的尾巴。

Step 14 参照下图所示，使用椭圆形工具 绘制黑色眼睛，并将椭圆转换为曲线，调整椭圆形状，然后继续绘制白色正圆高光以及脸蛋上的腮红效果。

Step 15 下面开始绘制松鼠头上的创可贴装饰图形，参照下图所示，首先使用钢笔工具 绘制创可贴的轮廓，并填充颜色为白色，然后利用图形相交的方法绘制出创可贴中间的药物部分。

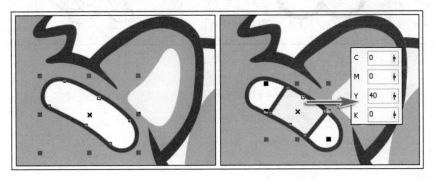

Step 16 参照下图所示，继续使用钢笔工具 🖋 绘制松鼠的鼻子，然后使用椭圆形工具 ◯ 绘制白色正圆作为鼻子上的高光。

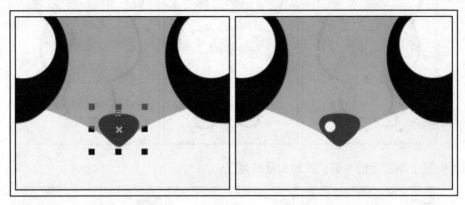

Step 17 参照下图所示，使用椭圆形工具 ◯ 绘制椭圆并单击属性栏中的"弧" ◠ 按钮，创建圆弧图形，然后使用形状工具 ⬚ 在视图中调整弧的大小。

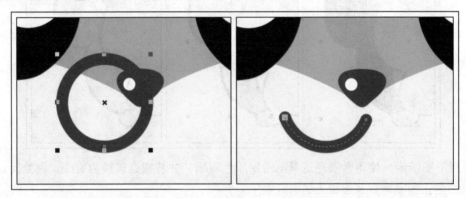

Step 18 使用上一步介绍的方法，分别绘制松鼠的嘴巴和眉毛图形，效果如下左图所示。使用钢笔工具 🖋 在松鼠上肢和尾巴处绘制装饰线条，完成本实例的制作，效果如下右图所示。

课后练习

1. 选择题

（1）下列的图形，可以通过哪种造形操作快速实现（　　）。

A. 焊接 　　　　　　　　　　　B. 相交

C. 修剪 　　　　　　　　　　　D. 简化

（2）如果想由如下左图的两个圆形，利用造形操作得到如下右图的造型，可以使用下列哪种方式（　　）。

A. 焊接 　　　　　　　　　　　B. 相交

C. 修剪 　　　　　　　　　　　D. 简化

（3）如果希望获得图像的某一矩形部分，使用下面哪种方法最为简便（　　）。

A. 刻刀工具 　　　　　　　　　B. 裁剪工具

C. 橡皮擦工具 　　　　　　　　D. 形状工具

2. 填空题

（1）选择图形对象后在键盘上按下_____键，可以在原位快速复制出图形对象，连续按下_____键即可在原位复制出多个相同的图形对象。

（2）使用_____命令可以快速将图形对象转换为闭合的形状路径。

（3）如果想对图形平滑边缘进行粗糙处理，使其产生裂纹、破碎或撕边的效果，可以使用_____工具来实现。

3. 上机题

利用前面所学习的知识，练习制作如右图所示的钟表。

Chapter 05

编辑文本

　　文本是作品中不可或缺的一个重要组成部分，CorelDRAW X6 提供了强大的文字编辑处理功能，不仅能够完成常规的文字处理工作，还可以将文字转换为曲线，可以像处理图形一样来更改文字的形状、填充颜色等。本章我们就来学习有关文本的编辑处理操作。通过本章的学习，读者可以灵活运用文本进行各类设计。

重点难点

- 文本格式的设置
- 使文本适合路径
- 将文本转换为曲线
- 文本与图形之间的链接

Section 01 输入文本文字

文字是文明的表现与传承，更是重要的信息交流沟通方式，这也是其成为了平面设计或图像处理中不可或缺的元素，接下来将对文本文字的输入做详细讲解。

01 输入文本

在使用CorelDRAW绘制或编辑图形时，适当添加文字能让整个图像呈现出图文并茂的效果，如下图所示。

使用文本工具输入文本时，用户可以通过文本工具属性栏，对文字的字体、大小和方向等选项进行设置。单击文本工具图，即可在属性栏中显示该工具的属性栏，如下图所示。

其中，各选项的含义介绍如下。

（1）"水平镜像"按钮⬚和"垂直镜像"按钮⬚：通过单击"水平镜像"或"垂直镜像"按钮，可将文字进行水平或垂直方向上的镜像反转调整。

（2）"字体列表"下拉列表框：在其中单击下拉按钮，在弹出的下拉列表中默认载入了用户电脑系统中的所有字体，此时可选择系统拥有的文字字体调整文字的效果。

（3）"字体大小"下拉列表框：在其中单击下拉按钮，在弹出的下拉列表中可以选择软件提供的默认字号，也可以直接在输入框中输入相应的数值以调整文字的大小。

（4）字体效果按钮⬚⬚⬚：在该组中有3个按钮，从左到右依次为"粗体"按钮⬚、"斜体"按钮⬚和"下划线"按钮⬚，单击按钮可应用该样式，再次单击则取消应用该样式。

（5）"文本对齐"按钮⬚：单击该按钮，弹出文字对齐方式的选项，包括"左"、"居中"、"右"以及"强制调整"等选项，此时单击即可选择任意选项以调整文本对齐的方式。

（6）"项目符号列表"按钮⬚：在选择段落文本后才能激活该按钮，此时单击该按钮，即可为当前所选文本添加项目符号，再次单击即可取消其应用。

（7）"首字下沉"按钮：与"项目符号列表"按钮相同，也只有在选择文本的情况下才能激活该按钮。单击该按钮，显示选择首字下沉的效果，再次单击即可取消其应用。

（8）**"字符格式化"按钮**：单击该按钮可弹出"字符格式化"泊坞窗，在其中可设置文字的字体、大小和位置等属性。

（9）**"编辑文本"按钮**：单击该按钮，打开"编辑文本"对话框，在其中不仅可输入文字，还可设置文字的字体、大小和状态等属性。

（10）**"文本方向"按钮组**：在其中单击"将文本更改为水平方向"按钮，即可将当前文字或输入的文字调整为横向文本；单击"将文本更改为垂直方向"按钮，即可将当前文字或输入的文字调整为纵向文本。

02 输入段落文本

段落文本是将文本置于一个段落框内，以便同时对这些文本的位置进行调整，适用于在文字量较多的情况下对文本进行编辑。

输入段落文本的方法是，打开图像后单击文本工具，在图像中单击并拖动出一个文本框，此时可看到，文本插入点默认显示在文本框的的开始部分，此时文本插入点的大小受字号的影响，字号越大，文本插入点的显示也越大，在文本属性栏的"字体列表"和"字体大小"下拉列表框中选择合适的选项，设置文字的字体和字号，然后再文本插入点后输入相应的文字即可，如下图所示。

> ① 一年以上家居装饰、建材行业、大众家装、销售类工作经验；有渠道和营销资源者优先；
> ② 熟悉全国品牌家装行业监管相关规定，及个性家装类产品市场销售现状和运作特点；
> ③ 优秀的商务谈判技巧和沟通协调能力，处理事情灵活，敬业并有良好职业道德操守。

✖ 例5-1 设计POP海报

下面将练习制作一个POP海报，该实例颜色清新，版式简洁，适用于手绘POP海报制作等商业应用中。在整个设计过程主要用的工具包括矩形工具、手绘工具、椭圆形工具、标注工具以及文本工具等。

Step 01 执行"文件>新建"命令，新建一个空白文件。

Step 02 使用"矩形工具" ▢，绘制矩形框，如下左图所示。

Step 03 继续在内侧绘制矩形，按Shift+F11组合键，设置颜色填充（C20、M0、Y20、K0），如下右图所示。

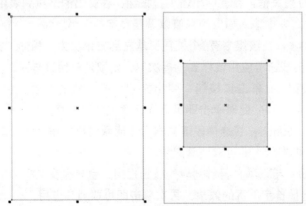

Step 04 按F12键，设置轮廓颜色为（C100、M0、Y100、K0）与轮廓宽度为3mm，如下左图所示。

Step 05 按住Ctrl键，使用"手绘工具" 绘制直线。在属性栏中设置虚线样式与线条粗细，如下右图所示。

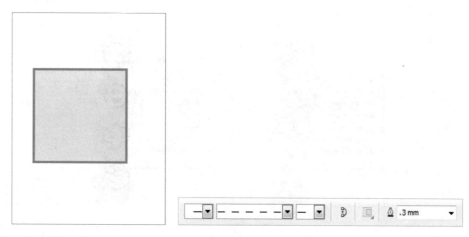

Step 06 应用轮廓样式效果如下左图所示。

Step 07 按住Ctrl键，向下拖动线条，单击右键松左键，复制一个对象。如下右图所示。

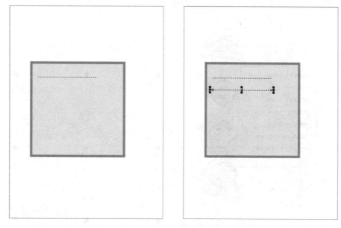

Step 08 连续按Ctrl+R组合键，复制其他线条，如下左图所示。

Step 09 使用"文本工具" 输入文字，使用"形状工具" 调节文字的行距，如下右图所示。

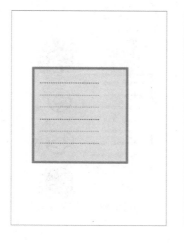 

Step 10 按住Ctrl键，使用椭圆形工具◎绘制正圆形，填充颜色（C40、M0、Y100、K0），然后适当调节大小关系，如下左图所示。

Step 11 使用"文本工具"字输入文字，在属性栏中单击▥，将文本更改为垂直方向，如下右图所示。

Step 12 按Ctrl+I组合键，导入素材图形，如下左图所示。

Step 13 选择标注工具◎，在属性栏中选择一种形状，在工作区中拖动绘制出来，如下右图所示。

Step 14 填充颜色（C0、M60、Y100、K0），使用文本工具字输入文字，并填充白色，如下左图所示。

Step 15 将文字放置在爆米花上，最终效果如下右图所示。

编辑文本文字

在对文本工具的属性栏进行介绍后，用户了解到可在其中对文本格式进行设置。在真实的运用中，为了能系统地对文字的字体、字号、文本的对齐方式以及文本效果等文本格式进行设置，还可在"文本属性"泊坞窗中进行。

01 调整文字间距

在CorelDRAW X6中，要调整文字的间距可在"文本属性"泊坞窗中进行。其具体的操作方法是，选择文本，执行"文本>文本属性"命令，打开"文本属性"泊坞窗，然后对字符间距或字间距进行设置。如下图所示，调整行间距效果。

02 使文本适合路径

在CorelDRAW X6中，可以将文字沿特定的路径进行排列，从而得到特殊的排列效果。在编辑过程中，难免会遇到路径的长短和输入的文字不能完全相符的情况，此时可对路径进行编辑，让路径排列的文字也随之发生变化。如下图所示实现了使文本适合路径的效果。沿路径排列后还可以进一步调整距路径的距离等属性。

专家技巧 沿路径输入文字

选择文本工具之后，将鼠标光标移动至路径上，当光标变成一个可输入的状态后，单击鼠标，即可以沿着路径输入文字了。

03 首字下沉

文字的首字下沉效果是指对该段落的第一个文字进行放大，使其占用较多的空间，起到突出显示的作用。

设置文字首字下沉的方法是，选择需要进行调整的段落文本，执行"文本＞首字下沉"命令，打开"首字下沉"对话框，在其中勾选"使用首字下沉"复选框，在"下沉行数"数值框中输入首字下沉的行数，最后单击"确定"按钮即可在当前段落文本中应用此设置，得到的效果如下图所示。

颜色是美术设计的视觉传达重点；该软件的实色填充提供了各种模式的调色方案以及专色的应用、渐变、位图、底纹填充，颜色变化与操作方式更是别的软件都不能及的；而该软件的颜色匹管理方案让显示、打印和印刷达到颜色的一致。德操守。

需要注意的是，还可在"首字下沉"对话框中勾选"首字下沉使用悬挂式缩进"复选框，此时首字所在的该段文本将自动对齐下沉后的首字边缘，形成悬挂缩进的效果。

04 将文本转换为曲线

将文本转换为曲线在一定程度上扩充了对文字的编辑操作，可以通过该操作将文本转换为曲线，从而改变文字的形态，制作出特殊的文字效果。

文本转换为曲线的方法较为简单，只需要选择文本后执行"排列＞转换为曲线"命令或按下组合键Ctrl＋Q即可。另外，在文本上右击，在弹出的快捷菜单中选择"转换为曲线"命令，也可以将文本转换为曲线。

> **知识链接** 文字效果的进一步调整
>
> 在完成转换后还可单击形状工具，此时在文字上出现多个节点，单击并拖动节点或对节点进行添加和删除操作即可调整文字的形状。如右侧两幅图像所示，分别为输入的文本和将文本装换为曲线并进行调整后的文字效果。

例5-2 设计汽车宣传页

下面将通过一个简单的应用来练习前面所学的文本编辑知识。

Step 01 创建新文档，页面大小：宽420mm高285mm，如下左图所示。

Step 02 首先创建表格，单击菜单栏中的表格工具，创建新表格，设置大小为4行4列，高度285，宽度420，如下右图所示。

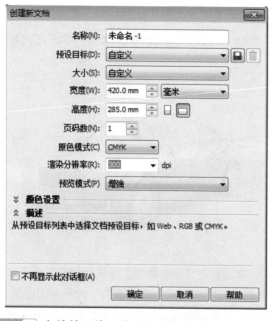

Step 03 合并单元格，先选中绘制表格工具，按住鼠标左键选中单元格，然后松开鼠标左键，单击鼠标右键，在弹出的快捷菜单中选择"合并单元格"命令。

Step 04 如果想对某个单元格进行调整，先选中要调整的单元格，单击鼠标右键，可以选择拆分为行或者列，这里选择拆分为2，根据你要做的排版适当调整单元格，如下右图所示。

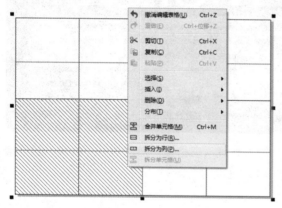

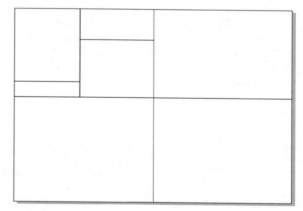

Step 05 在单元格内输入文字，并调整文字大小，填充颜色，效果如下左图所示。

Step 06 接下来导入宾利的标志，先选中标志，再单击裁剪工具，将图片裁剪到合适的大小。

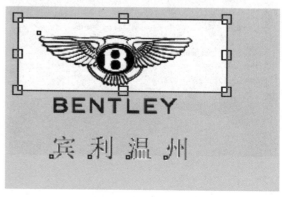

Step 07 单击并按住鼠标左键将素材拖曳到单元格内，然后适当调整大小和位置，如下左图所示。

Step 08 现在把宾利汽车素材放到单元格内，选中汽车素材，按住鼠标右键将其拖曳到单元格内松开右键，单击置入单元格内，如下右图所示。

Step 09 单击文本工具、按住鼠标左键拖动出一个文本框，然后输入文字，再对文字进行调整并单击形状工具，点选文本框，会出现两个黑色小三角，可以对文本的行间距和列间距进行调整，如下左图所示。

Step 10 在表格中输入文字，然后选中文字，单击填充工具，更改颜色为白色，再对段落文字进行适当调整，如下右图所示。

Step 11 按住鼠标右键把素材拖曳至表格后松开右键，把素材置入表格中，然后执行"效果>图框精确裁剪>置于图文框内部"命令，再把图形置入表格中，如下左图所示。

Step 12 最终效果如下右图所示。

链接文本

在CorelDRAW X6中，对文字进行编排和添加链接是最为常用的操作，也非常具有实用性。这里文本的链接不仅包括文本与文本之间的链接，也包括文本与图形对象的链接等，下面将对其进行介绍。

01 段落文本之间的链接

链接文本可通过应用"链接"命令实现。其方法是按住Shift键的同时单击，选择两个文本框，如下左图所示，然后执行"文本>段落文本框>链接"命令，即可将两个文本框中的文本链接。链接文本之后，通过调整两个文本框的大小可同时调整两个文本框中文字的显示效果，如下右图所示。创建链接后执行"文本>段落文本框>断开连接"命令，即可断开与文本框的链接。断开链接后，文本框中的内容不会发生变化。

知识链接　不同页面上的文本链接

除了能对同一页面上的文本进行链接外，还可对不同页面上的文本进行链接。要链接不同页面中的文本，首先在两个不同的页面中输入相应的段落文字，单击页面2中段落文本文本框底端的控制柄，再切换至页面1中单击该页面中的文本框，即可将两个文本框中的段落文本链接。

02 文本与图形之间的链接

链接文本与图形对象的方法是，将鼠标光标移动到文本框下方的控制点上，当光标变为双箭头形状时单击，此时光标变为黑色箭头形状，在需要链接的图形对象上单击，即可将未显示的文本显示到图形中，形成图文链接，如下图所示。

本例我们来制作一个工作室的宣传页，主要基于花纹矢量素材，构建整个版面的框架；使用"插入字符"来制作图形标志；使用"文本工具"和"文本属性"泊坞窗来设置美工文本和段落文本属性。

Step 01 新建一个空白文件，并设置其页面尺寸大小为"210mm×285mm"。双击工具箱中的矩形工具□，生成一个矩形框，如下左图所示。

Step 02 按组合键Shift+F11，打开"均匀填充"对话框，设置填充颜色（C0、M0、Y10、K0）。使用鼠标右键单击调色板上面的⊠，去除矩形的轮廓边，如下右图所示。

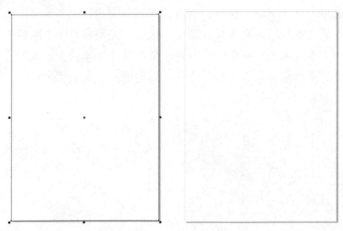

Step 03 按组合键Ctrl+I，导入一张底纹图片。执行"效果＞图框精确剪裁＞置于图文框内部"命令，将底纹图片置入到矩形框中，如下左图所示。

Step 04 按组合键Ctrl+I，导入花纹素材，如下右图所示。

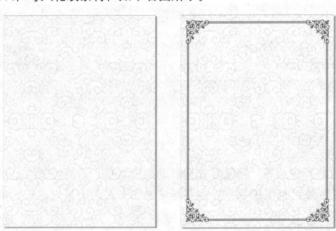

Step 05 执行"文本＞插入符号字符"命令，打开"插入字符"泊坞窗，在字体项里面找到Wingdings之后，下面会显示出很多图形，然后找到自己需要的图形单击并将其拖曳到工作区中，如下左图所示。

Step 06 在属性栏中选择"水平镜像"按钮▥，然后按组合键Ctrl+K，拆分图形，并将星形单独放大，如下右图所示。

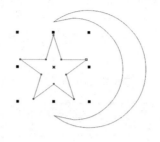

Step 07 为图形填充红色，并去除轮廓，使用文本工具 字 输入文字信息，并改变文字的大小和颜色，如下左图所示。

Step 08 按组合键Ctrl+I，导入线条素材，效果如下右图所示。

Step 09 按住Ctrl键，使用手绘工具 在工作区中单击，然后水平拖动，绘制直线。按F12键，设置轮廓笔宽度为"0.2mm"，并选择一种虚线样式。轮廓笔设置如下左图所示，应用后的效果如下右图所示。

使用CorelDRAW X6输入了段落文字后，可以对段落文字的间距进行微调，使段落文字更加美观。

其操作方法很简单：即在段落文字中选择需进行间距调整的文字，按组合键Ctrl+Shift+<可将文字间距缩小，而按组合键Ctrl+Shift+>可将文字间距放大。

Step 10 使用文本工具在工作区中绘制文本框，输入文字信息，在属性栏中设置文字大小为"8pt"。按组合键Ctrl+T打开"文本属性"泊坞窗，设置对齐方式为"两端对齐"、段落首行缩进"6mm"、行距"130%"。文本属性设置如下左图所示，应用后的效果如下右图所示。

Step 11 按组合键Ctrl+I，导入图片素材，如下左图所示。

Step 12 运用同样的方法，处理其他的文本和图片，最终效果如下右图所示。

1. 选择题

（1）下面不属于文字属性的内容是（　　）。

    A. 文字大小   B. 文字的字体

    C. 文字的拼写检查   D. 文字颜色

（2）在 CorelDRAW 中标尺尺寸工具可以根据鼠标移动来创建水平或垂直尺度线（　　）。

    A. 自动尺度   B. 垂直

    C. 水平   D. 倾斜

（3）将一组文字分解成一个个的文字后，如果字符上包嵌套，如 "8"，"R" 嵌套部分的文字会怎样（　　）。

    A. 和拆分前一样   B. 内部物体丢失

    C. 前后重叠   D. 分别用不同颜色填充

2. 填空题

（1）如果要实现文本到曲线的转换，可以选中文本后执行 "排列 > 转换为曲线" 命令或按下快捷键_____即可。

（2）如果要实现将文字沿特定的路径进行排列效果，可以使用_____命令。

（3）如果想突出显示段落的第一个文字，使其占用较多的空间，可以使用_____命令实现。

3. 上机题

利用本章所学习的知识制作一个餐厅宣传页。

操作提示

整个实例分为两部分完成，首先使用 "文本工具" 处理段落文本和美工文字。使用 "图框精确剪裁" 命令和 "椭圆形工具" 来处理图片素材。

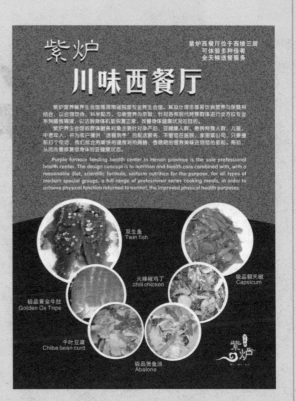

Chapter

06

图形特效的应用

在CorelDRAW中，除了可以为图形添加各种填充效果、对图形进行各种变形操作之外，还可以为图形添加各种特殊效果，如添加阴影效果、立体化效果、交互式透明效果等。还可以通过变形工具进行交互式变形操作。通过这些工具的使用，可以做出很多惟妙惟肖的作品。本章我们就来学习这些特效工作的使用方法。

重点难点
- 交互式调和效果
- 交互式轮廓图效果
- 交互式变形效果
- 交互式阴影效果
- 交互式立体化效果
- 交互式透明效果

Section 01 认识交互式特效工具

在CorelDRAW X6中，图形对象的特效可以理解为通过对图形对象进行如调和、扭曲、阴影、立体化、透明度等多种特殊效果的调整和叠加，使得图形呈现出不同的视觉效果。这些效果不仅可以结合使用，同时也可以结合其他的图形绘制工具、形状编辑工具、颜色填充工具等进行运用，能让设计作品中的图形呈现出个性独特的视觉效果。

使用CorelDRAW绘制图形的过程中，要为图形对象添加特效，可结合软件提供的交互式特效工具进行。这里的交互式特效工具是交互式调和、交互式轮廓图、交互式扭曲、交互式阴影、交互式封套、交互式立体化和交互式透明度这7种工具，如右图所示收录在工具箱中的调和工具组中。通过单击调和工具，在弹出的菜单中选择相应的选项即可切换到相应的交互式工具中。

Section 02 交互式调和效果

在使用CorelDRAW绘制图形时，我们还可以使用交互式调和工具通过创建中间对象和颜色顺序来调和对象，从而让图形产生一种自然连续过渡的调和效果，即常说的交互式调和效果。也正是由于交互式调和工具的这种特效，因此我们可以使用该工具制作一些简单的立体效果。在使用工具进行图形的绘制之前，这里先来认识一下"调和"泊坞窗。

01 认识"调和"泊坞窗及其属性栏

在交互式特效工具组中，每一个工具都对应有一个设置相关参数和选项的泊坞窗。同时，除了能在泊坞窗中对相应工具的参数和选项进行设置外，也可以在其相应的工具属性栏中进行设置。这里首先从"调和"泊坞窗开始进行介绍。

1."调和"泊坞窗

执行"窗口>泊坞窗>调和"命令，即可显示出"调和"泊坞窗，如右图所示。从图像中不难看出，在这些选项组中可分别针对调和的步长、选装、加速对象、颜色的顺时针路径、拆分以及映射点等进行调整。需要注意的是，在未对图形进行交互式调和之前，"调和"泊坞窗中的"应用"、"重置"、"熔合始端"和"熔合末端"等按钮呈灰色显示，表示未被激活。只有在对图形对象运用交互式调和效果后，才能激活这些操作按钮。

2．认识交互式调和工具属性栏

单击交互式调和工具，即可显示出该工具的属性栏，如下图所示。在其中对交互式调和工具的设置选项都进行了调整，以便让用户能够快速运用，下面分别对这些选项进行详细的介绍，为后面的学习打下基础。

（1）**"预设"下拉列表框**：在其中可对软件设定好的选项进行选择运用。选择相应的选项后即可在一旁显示选项效果预览图，以便让用户对应用选项的图形效果一目了然，如右图所示。

（2）**"调和对象"数值框**：在其中可设置调和的步长数值，数值越大，调和后的对象步长越大，数量越多。

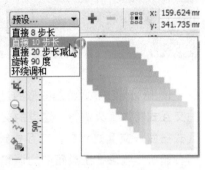

（3）**"调和方向"数值框**：用于调整调和对象后调和部分的方向角度，数值可以为正也可为负。

（4）**"环绕调和"按钮**：用于调整调和对象的环绕和效果。单击该按钮可对调和对象作弧形调和处理，要取消该调和效果，可再次单击该按钮。

（5）**"调和类型"按钮组**：其中包括了"直接调和"按钮、"顺时针调和"按钮和"逆时针调和"按钮。单击"直接调和"按钮，以简单而直接的形状和渐变填充效果进行调和；单击"顺时针调和"按钮，在调和形状的基础上以顺时针渐变色相的方式调和对象；单击"顺时针调和"按钮，在调和形状的基础上以顺时针渐变色相的方式调和对象。

（6）**"加速调和对象"按钮组**：在该组中包括了"对象和颜色加速"按钮和"调整加速大小"按钮。单击"对象和颜色加速"按钮，即可弹出加速选项面板，如右图所示。从中可对加速的对象和颜色进行设置，此时还可通过调整滑块的左右方向，调整两个对象间的调和方向。

（7）**"更多调和选项"按钮**：单击该按钮则弹出相应的选项面板，在其中可对映射节点和拆分调和对象等进行设置。

（8）**"起始和结束属性"按钮**：用于选择调整调和对象的起点和终点。单击该按钮可弹出相应的选项面板，如右图所示，此时可显示调和对象后原对象的起点和终点：也可更改当前的起点或终点为其他新的起点或终点。

（9）**"路径属性"按钮**：调和对象以后，要将调和的效果嵌合于新的对象，可单击该按钮，在弹出的选项面板中选择"新路径"选项，单击指定对象即可将其嵌合到新的对象中。

（10）**"复制调和属性"按钮**：可通过该按钮克隆调和效果至其他对象，复制的调和效果包括除对象填充和轮廓外的调和属性。

（11）**"清除调和"按钮**：应用调和效果之后单击该按钮，此时即可清除调和效果，恢复图形对象原有的效果。

02 运用交互式调和工具

交互式调和工具的运用包括很多方面，最基本的是使用该工具进行图形的交互式调和，同时还可设置调和对象的类型，也可以设置加速调和，拆分调和对象，嵌合新路径等。下面将分别对这些具体的运用操作进行详细的介绍。

1．调和对象

调和对象是该工具最基本的运用，选择需要进行交互式调和的图形对象，单击交互式调和工具，在图形上单击并拖动鼠标到另一个图形上，此时可看到形成的图形渐变效果，如下图所示。释放鼠标即可完成这两个图形之间的图形渐变效果，在绘画页面可以看到，经过交互式调和处理的图形形成重叠的过渡效果。

知识链接 改变调和效果

调和对象之后，可在属性栏中设置调和的基本属性，如调和的步长、方向等，也可通过对原对象位置的拖动，让调和效果更多变。

2．设置调和类型

对象的调整类型即调整时渐变颜色的方向。此时可通过在属性栏中的"调和类型"按钮组中单击不同的调和类型按钮对调和类型进行设置。

● 若单击"直接调和"按钮，则渐变颜色直接穿过调和的起始和终止对象；
● 若单击"顺时针调和"按钮，则渐变颜色顺时针穿过调和的起始对象和终止对象；
● 若单击"逆时针调和"按钮，则渐变颜色逆时针穿过调和的起始对象和终止对象。

如下两幅图像所示，分别为顺时针调和对象以及逆时针调和对象的效果。

3．加速调和对象

加速调和对象是对调和之后的对象形状和颜色进行调整。单击"对象和颜色加速"按钮，在弹出的加速选项面板中显示了"对象"和"颜色"两个选项。在其中拖动滑块设置加速选项，即可让图像显示出不同的效果。此时直接在图像中对中心点的蓝色箭头进行拖动，也可设置和调和对象的加速效果。

如下两幅图所示分别为拖动"对象"和"颜色"加速选项滑块调整后的图形效果。

4．拆分调和对象

拆分调和对象是将调和之后的对象从中间调和区域打断，作为调和效果的转折点，通过拖动该打断的调和点，可调整该调和对象的位置。调和两个对象之后，单击属性栏中的"更多调和选项"按钮，在弹出的面板中选择"拆分"选项，此时鼠标光标转变为拆分箭头状。在调和对象的指定区域单击，此时拖动鼠标即可将拆分的独立对象进行位置调整，如下图所示。

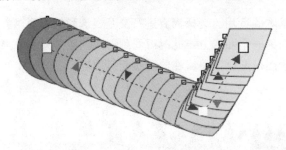

5. 嵌合新路径

嵌合新路径是将已运用调和效果的对象嵌入新的路径。简而言之，就是将新的图形作为调和后面形对象的路径，进行嵌入操作。其方法是选择运用调和后的图形对象，单击鼠标右键，选择"新路径"命令，将鼠标光标移动到新图形上，此时光标变为箭头形状，如下左图所示。在该图形上单击指定的路径，此时调和后的图形对象自动以该图形为新路径，执行嵌入操作，得到的效果如下右图所示。

交互式轮廓图效果

在CorelDRAW X6中，用户可通过交互式轮廓图工具在图形对象的外部、中心添加不同样式的轮廓线，通过设置不同的偏移方向、偏移距离和轮廓颜色，为图形创建出不同的轮廓效果，使用交互式轮廓图工具可对图形对象的轮廓进行一些简单的调整和处理，使图形更具装饰效果。

01 认识轮廓图工具属性栏

单击轮廓图工具，即可显示出该工具的属性栏，如下图所示。

由于交互式特效工具的属性栏的部分选项相同，且前面对交互式调和工具的属性栏有详细的介绍，因此这里仅对其中一些不同、且较为关键的选项进行介绍。

（1）**轮廓偏移的方向按钮组**：在该组中包含了"到中心"按钮、"内部轮廓"按钮和"外部轮廓"按钮。单击各个按钮，即可设置轮廓图的偏移方向。

（2）**"轮廓图步长"数值框**：在其中设置数值，即可调整轮廓图的步数。该数值的大小直接关系到图形对象的轮廓数，当数值设置合适时，可使对象轮廓达到一种较为平和的状态。

（3）**"轮廓图偏移"数值框**：在其中设置数值，即可调整轮廓图之间的距离。

（4）**轮廓色方向按钮组**：在该组中包含了"线性轮廓色"按钮、"顺时针轮廓色"按钮和"逆时针轮廓色"按钮。单击各个按钮，可根据色相环中不同的颜色方向进行渐变处理。

（5）**"轮廓色"下拉按钮**：在其中可设置所选图形对象的轮廓色。

（6）**"渐变色"下拉按钮**：在其中可设置所选图形对象的填充色。

（7）**"最后一个填充挑选器"下拉按钮**：该按钮在图形填充了渐变效果时方能激活，单击该按钮，即可在其中设置带有渐变填充效果图形的结束色。

（8）**"对象和颜色加速"按钮**：单击该按钮即可弹出选项面板，在其中可设置轮廓图对象及其颜色的应用状态。通过调整滑块的左右方向，可以调整轮廓图的偏移距离和颜色。

（9）**"清楚轮廓"按钮**：应用轮廓图效果之后，单击该按钮即可清楚轮廓效果。

02 运用交互式轮廓图工具

使用交互式轮廓图工具可为图形对象添加轮廓效果，同时还可设置轮廓的偏移方向，改变轮廓图的颜色属性，从而调整出不同的图形效果。交互式轮廓图的运用包括设置轮廓图偏移方向、调整轮廓图颜色、设置加速轮廓图对象和颜色等。下面将分别对这些具体的运用操作进行详细的介绍。

1．设置轮廓图的偏移方向

通过在属性栏中轮廓偏移的方向按钮组中单击不同的方向按钮，可对轮廓向内或向外的偏移效果进行掌控。

单击交互式轮廓图工具，在其属性栏中单击"到中心"按钮，此时软件自动更新图形的大小，形成到中心的图形效果。此时"轮廓图步长"数值框呈灰色状态，表示未启用，如下左图所示。单击"内部轮廓"按钮，激活"轮廓图步长"数值框，在其中可对步长进行设置，完成后按下Enter键确认调整，此时图形效果发生变化，如下中图所示。还可单击"外部轮廓"按钮，继续在"轮廓图步长"数值框进行设置，调整图形的轮廓效果，如下右图所示。

2．调整轮廓图颜色

利用轮廓图工具调整图形对象的轮廓颜色，可通过应用属性栏中"轮廓色"下拉按钮中的选项和自定义颜色的方式来进行。

要自定义轮廓图的轮廓色和填充色，可直接在属性栏中更改其轮廓色和填充色的方式来调整，也可在调色板中调整对象的轮廓色和填充色。而调整轮廓图颜色方向，则可通过单击属性栏中的"线性轮廓色"按钮、"顺时针轮廓色"按钮或"逆时针轮廓色"按钮，以改变对象的轮廓图颜色方向和效果。如下3幅图像所示为设置相同的轮廓色和填充色后，分别单击不同的方向按钮后得到的图形效果。

🔄 知识链接　使图形中心对齐的技巧

在CorelDRAW X6 中，如果要对两个或两个以上的图形进行中心的对齐，就可以使用"对齐与分布"命令。

操作方法为，选择两个或两个以上的图形后，执行"排列＞对齐和分布＞对齐与分布"菜单命令，打开"对齐与分布"泊坞窗，从中单击"水平居中对齐"和"垂直居中对齐"按钮后即可将图形进行中心对齐了。

3. 加速轮廓图的对象和颜色

加速轮廓图的对象和颜色是调整对象轮廓偏移间距和颜色的效果。在交互式轮廓图工具的属性栏中单击"对象和颜色加速"按钮，弹出加速选项设置面板。

默认状态下，加速对象及其颜色为锁定状态，即调整其中一项，则另一项也会随之调整。单击"锁定"按钮将其解锁后，则可分别对"对象"和"颜色"选项进行单独的加速调整。如下两幅图像所示分别为对"对象"和"颜色"进行调整后的图形效果。

交互式变形效果

交互式变形可以在更大程度上满足用户对复杂图形制作的需要，这也使作图更加充满多样性灵活性，下面将详细介绍交互式变形的操作知识。

01 认识变形工具属性栏

交互式变形工具没有泊坞窗，用户可单击该工具，在其属性栏中对相关参数进行设置。需要注意的是在交互式变形工具的属性栏中，分别单击"推拉变形"按钮、"拉链变形"按钮和"扭曲变形"按钮，其属性栏也会发生相应的变化。

1. 推拉变形属性栏

单击交互式变形工具，在其属性栏中单击"推拉变形"按钮，即可看到如下图所示属性栏。

其中，属性栏中各选项的含义介绍如下：

（1）**"预设"下拉列表框**：在其中显示出了软件自带的变形样式，选择相应的选项即可应用，还可单击其后的"添加预设"按钮和"删除预设"按钮对预设选项进行调整。

（2）**"添加新的变形"按钮**：单击该按钮，即可将各种变形的应用对象视为最终对象来应用新的变形。

（3）**"推拉振幅"数值框**：在其中可设置推拉失真的振幅。当数值为正数时，表示向对象外侧推动对象节点，当数值为负数时，则表示向对象内侧推动对象节点，如右图所示一个圆经过推拉变形和扭曲变形后的两个效果。

（4）**"居中变形"按钮**：单击该按钮，在图形上单击并拖动鼠标，即可让对象以中心为变形中心，拖动即可进行变形。

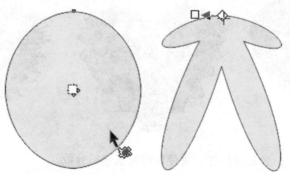

（5）**"转化为曲线"按钮**：单击该按钮，即可将图形转化为曲线，此时允许使用形状工具修改该图形对象，如下图所示。

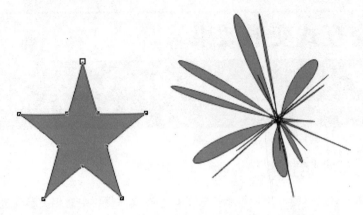

（6）"**复制变形属性**"按钮：将文档中另一个图形对象的变形属性应用到所选对象上，如下所示。

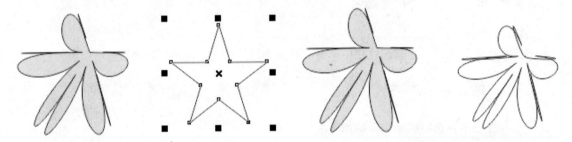

（7）"**清除变形**"按钮：在应用变形的图形对象上单击该按钮，即可清除变形效果。

2．拉链变形属性栏

"预设"下拉列表框中单击拉链变形，即可看到其相应增加的属性栏，如下图所示。

其中，属性栏中各选项的含义介绍如下：

（1）"**拉链振幅**"数值框：在其中可设置拉链失真振幅，可选择0到100之间的数值，数字越大，振幅越大，同时通过在对象上拖动鼠标，变形的控制柄越长，振幅越大，如下中图所示。

（2）"**拉链频率**"数值框：在其中可设置拉链失真频率。失真频率表示对象拉链变形的波动量，数值越大，其波动的越频繁，如下右图所示。

（3）"**随机变形**"按钮：单击该按钮，可使拉链线条随机分散。

（4）"**平滑变形**"按钮：单击该按钮，柔和处理拉链的棱角。

（5）"**局部变形**"按钮：单击该按钮，在拖动位置的对象区域上对准焦点，使其呈拉链条显示。

3．扭曲变形属性栏

（1）"预设"下拉列表框中单击"扭曲"按钮，即可看到其相应的属性栏，如下图所示，下面对其中的重要选项进行介绍。

（2）**旋转方向按钮组**：包括"顺时针旋转"按钮和"逆时针旋转"按钮。单击不同方向按钮后，扭曲的对象将以不同的旋转方向扭曲变形，如右图所示。

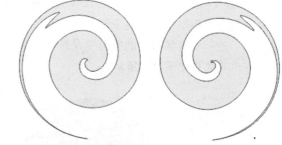

（3）**"完全旋转"数值框**：在其中可设置扭曲的旋转数以调整对象旋转扭曲的程度，数值越大，扭曲程度越强。

（4）**"附加角度"数值框**：在旋转扭曲变形的基础上附加的内部旋转角度，对扭曲后的对象内部做进一步的扭曲角度处理。

02　运用交互式变形工具

使用交互式变形工具可为图形对象添加变形效果。交互式变形工具的运用包括推拉变形、拉链变形以及扭曲变形3种不同的的变形样式的运用。下面分别对这些应用进行内容介绍和效果展示。

1．推拉变形

推拉变形是对图形对象做推拉式的变形，只能从左右方向对图形对象做变形处理，从而得到推拉变形的效果。

使用交互式变形工具可应用预设的变形效果，也可通过拖动鼠标进行。首先使用矩形工具绘制一个矩形，在交互式变形工具的属性栏中单击"推拉变形"按钮，在图形对象上单击并左右拖动鼠标以调整控制柄方向，此时释放鼠标即可应用推拉变形效果，如下图所示。

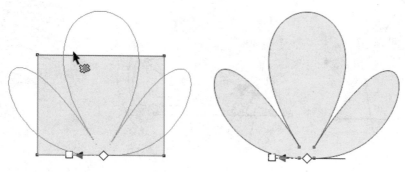

同时，也可在白色的中心点上单击并拖动鼠标，对图像的中心位置进行调整，使图像变换出更多的效果，如下图所示。

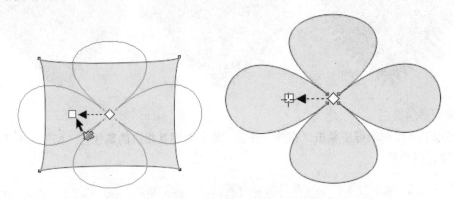

2．拉链变形

拉链变形是对图形对象进行拉链式的变形处理。首先绘制一如下左图所示的图形，在交互式变形工具的属性栏中单击"拉链变形"按钮，切换至该变形效果的属性栏状态。在其中的"拉链失真振幅"和"拉链失真频率"数值框中设置相关参数后，在图形上单击并拖动鼠标，即可使图形进行适当的变形，其效果如下右图所示。

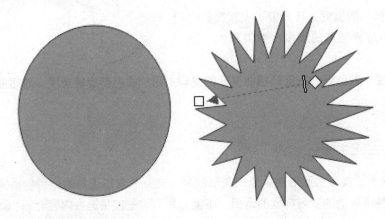

3．扭曲变形

扭曲变形是对对象做扭曲式的变形处理。首先使用星形工具绘制如下左图所示的星形，在交互式变形工具的属性栏中单击"扭曲变形"按钮，切换至该变形效果的属性栏状态。然后在图形对象上单击并拖动鼠标以添加控制柄，如下中图所示，此时释放鼠标即可应用相应的扭曲变形效果，如下右图所示。

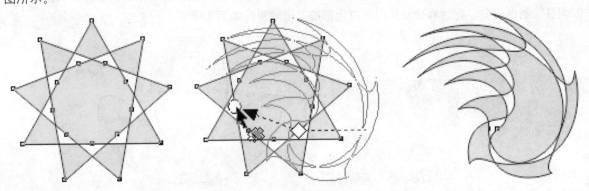

Section 05 交互式阴影效果

阴影是物体通过光照在物体背面形成的一道物体遮盖区域的影像效果。交互式阴影效果是通过为对象添加不同颜色的投影方式，为对象添加一定的立体感，并对阴影颜色的处理应用不同的混合操作，丰富阴影与背景间的关系，使图形效果更逼真。

01 认识阴影工具属性栏

交互式阴影工具没有泊坞窗，用户可在其属性栏中对相关参数进行设置。

其中，属性栏中各选项的含义介绍如下：

（1）**"阴影角度"数值框**：用于显示阴影偏移的角度和位置。一般不在属性栏中进行设置，在图形中直接拖动到想要的位置即可，这里的显示起到辅助用户对阴影进行观察的作用。

（2）**"阴影的不透明度"数值框**：在其中可通过输入数值或调整滑块来调整阴影的不透明度，数值越小，阴影越透明，该数值的取值范围为0～100。

（3）**"阴影羽化"数值框**：在其中可通过输入数值或调整滑块来调整阴影的羽化程度，数值越大，阴影越虚化，取值范围同样为0～100。

（4）**"羽化方向"按钮**：单击该按钮，即可弹出相应的选项面板，在其中通过单击不同的按钮设置阴影扩散后变模糊的方向，包括"向内"、"中间"、"向外"和"平均"按钮。

（5）**"羽化边缘"按钮**：在"阴影羽化方向"的面板中单击"平均"按钮以外的任一按钮激活该功能。

（6）**"阴影淡出"数值框**：通过输入数值或拖动滑块，调整阴影的淡出效果。

（7）**"阴影延展"数值框**：通过输入数值或拖动滑块，调整阴影的长度。

（8）**"透明度操作"下拉列表框**：单击该下拉列表框，在弹出的选项中进行设置，可调整阴影在背景色中的色调效果。

（9）**"阴影颜色"下拉列表框**：在其中单击相应的色块，即可设置阴影的颜色。

02 运用交互式阴影工具

使用交互式阴影工具能为图形对象添加阴影效果，同时还能设置阴影方向、羽化以及颜色等，以便制作出更为真实的阴影效果。交互式阴影工具是较为常用且非常适用的工具，它的运用包括阴影效果阴影颜色的调整以及预设的应用等。

1. 添加阴影效果

在页面中绘制图形后，单击交互式阴影工具 ，在图形上单击并往外拖动鼠标，即可为图形添加阴影效果。默认情况下，此时添加的阴影效果的不透明度为50%，羽化值为15%，如下左图所示。

在属性栏中的"阴影的不透明度"和"阴影羽化"数值框中进行设置，以调整阴影的浓度和边缘强度。如下中图和右图所示分别为设置不同参数情况下图形的阴影效果。

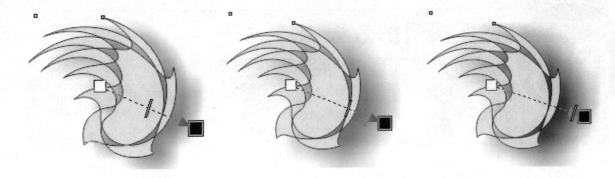

2．调整阴影的颜色

对图形对象添加阴影效果后，还可在属性栏中的"阴影颜色"下拉列表框中对阴影颜色进行设置，改变阴影效果。在"阴影颜色"下拉列表框单击红色色块，设置阴影颜色为红色，此时阴影效果发生变化，效果如下右图所示。

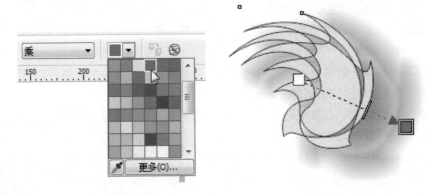

需要注意的是，设置图形对象阴影的"透明度操作"选项，是将对象的阴影颜色混合到背景色中，以达到两者颜色混合的效果，产生不同的色调样式。其中包括"常规"、"添加"、"减少"、"差异"、"乘"、"除"、"如果更亮"、"如果更暗"等。如下3幅图像所示，分别为相同颜色下设置不同的"透明度操作"选项后的阴影效果。

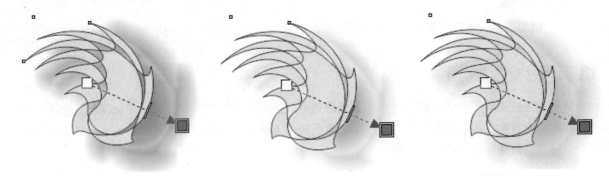

交互式封套效果

交互式封套效果是以封套的形式对对象进行变形选择，通过对封套的节点进行调整，来调整对象的形状轮廓，从而使图形对象更加规范。

01 认识封套工具属性栏

交互式封套工具主要用于控制图形对象的封套形状，在CorelRAW X6中，单击交互式封套工具，在其属性栏中可对图形的节点、封套模式以及映射模式等进行设置。

其中，属性栏中各选项的含义介绍如下：

（1）**"选取范围模式"下拉列表框**：在其中包括"矩形"和"手绘"两种选取模式，选择"矩形"选项后拖动鼠标，以矩形的框选方式选择指定的节点；选择"手绘"选项后拖动鼠标，以手绘的框选方式选择指定的节点。

（2）**节点调整按钮组**：在该按钮组中可以看到，包含了多种关于节点的调整按钮，此时的按钮与形状工具属性栏中的按钮功能相同，包含一些添加、删除、平滑、对称节点等操作，单击相应的按钮即可执行对应的操作，这里不再一一赘述。

（3）**封套模式按钮组**：从左到右依次为"直线模式"按钮、"单弧模式"按钮、"双弧模式"按钮和"非强制模式"按钮，单击相应的按钮即可将封套调整为相应的形状，前3个按钮为强制性的封套效果，而"非强制模式"按钮则是自由的封套控制按钮。

（4）**"添加新封套"按钮**：单击该按钮，可为已添加封套效果的对象继续添加新的封套效果。

（5）**"映射模式"下拉列表框**：包括"水平"、"原始"、"自由变形"和"垂直"模式，选择不同的映射模式，可对对象的封套效果应用不同的封套变形效果。

（6）**"保留线条"按钮**：单击该按钮后，以较为强制的封套变形方式对对象进行变形处理。

（7）**"复制封套属性"按钮**：单击该按钮，可将应用在其他对象中的封套属性进行复制，进而应用到所选对象上。

（8）**"创建封套自"按钮**：单击该按钮，可将其他对象的形状创建为封套。

02 运用交互式封套工具

使用交换式封套工具可快速改变图形对象的轮廓效果。下面将对该工具封套模式、映射模式的设置以及预设的运用进行详细的介绍和图像展示。

1. 设置封套模式

设置图形对象的封套模式可以结合属性栏进行。在属性栏的封套模式按钮组中，单击相应的按钮即可切换至相应的封套模式。默认状态下，封套模式为非强制模式。其变化比较自由，且可以对封套的多个节点同时进行调整，其他强制性的封套模式是通过直线、单弧或双弧的强制方式对对象进行封套变形处理，且只能单独对各节点进行调整，以达到较规范的封套变形处理。如下3幅图像所示分别为在设置封套模式为"直线模式"、"单弧模式"和"双弧模式"下的调整效果。

2．设置封套映射模式

　　设置封套的映射模式是指设置图形对象的封套变形方式。在页面中绘制或打开图形，如下左图所示。通过在交互式封套工具的属性栏的"映射模式"下拉列表框中分别选择"水平"、"原始"、"自由变形"和"垂直"选项，即可设置相应的映射模式。接着拖动节点即可对图形对象的外观形状进行变形调整。如下中图和右图所示分别为设置"水平"和"垂直"映射模式对图形对象进行调整后的效果。

知识链接　封套映射模式释义

　　在交互式封套工具的"映射模式"下拉列表中"原始"和"自由变形"映射模式都是较为随意的变形模式。应用这两种封套映射模式。将对对象的整体进行封套变形处理，"水平"封套映射模式是对以封套节点水平方向上的图形进行变形处理。

3．结合泊坞窗应用预设

　　使用交互式封套工具可以对对象进行任意调整。该操作除了能在其工具属性栏中进行外，也可以在"封套"泊坞窗中进行。

　　选择需要进行封套的图形，执行"窗口>泊坞窗>封套"命令，显示出"封套"泊坞窗。单击"添加预设"按钮，此时"封套"泊坞窗中显示出预设形状，用户可在其中选择合适的形状，然后单击"应用"按钮（如右1图所示），即可自动对选择的图形使用封套效果，如右2图所示。

Section 07 交互式立体化效果

CorelDRAW X6中提供了可快速制作立体化效果的交互式立体化工具。这里的交互立体化效果是对平面的矢量图形进行立体化处理，使其形成立体效果。同时，还可对制作出的立体图形进行填充色、旋转透视角度和光照效果等的调整，从而让平面的矢量图形呈现出丰富的三维立体效果。

01 认识立体化工具属性栏

交互式立体化工具主要用于为对象添加立体的效果，并为对象调整三维旋转透视角度，添加光源照射效果。

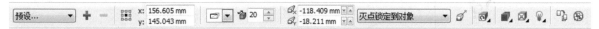

其中，属性栏中各选项的含义介绍如下。

（1）**"预设"下拉列表框**：在其中可设置立体化对象的立体角度。单击下拉列表框旁的下拉按钮。即可弹出选项面板。在其中可以看到不同的立体化类型图标，单击选择相应的图标即可为图形对象应用该立体化类型。

（2）**"深度"数值框**：在其中可调整立体化对象的透视深度，数值越大，则立体化的景深越大。

（3）**"灭点坐标"数值框**：在其中显示了立体化图形透视消失点的位置，可通过拖动立体化控制柄上的灭点以调整其位置。

（4）**"灭点属性"下拉列表框**：可锁定灭点即透视消失点至指定的对象，也可将多个立体化对象的灭点复制或共享。

（5）**"页面或对象灭点"按钮**：单击该按钮则表示将图形立体化灭点的位置锁定到对象或页面中。

（6）**"立体的方向"下拉按钮**：单击该按钮，即可弹出相应的选项面板，在其中可通过拖动立体数字样式调整，若要恢复立体化对象的原始状态，可单击面板左下角的恢复按钮。

（7）**"立体化颜色"下位按钮**：单击该按钮，即可弹出相应的选项面板，在其中可调整立体化对象的颜色，并设置立体化对象不同类型的填充颜色。

（8）**"立体化倾斜"下拉按钮**：单击该按钮，即可弹出相应的选项面板，在其中可为立体化对象添加斜角立体效果并进行斜角变换的调整。

（9）**"立体化照明"下拉按钮**：单击该按钮，即可弹出相应的选项面板，在其中可根据立体化对象的三维效果添加不同的光源效果。

02 运用交互式立体化工具

使用交互式立体化工具可快速为平面的矢量图形制作出立体效果。下面就对该工具的立体化类型、立体化方向、颜色、倾斜以及照明等功能的具体运用进行介绍和图像展示。

1. 设置立体化类型

设置立体化对象的类型是指对图形对象的立体化方向和角度进行同步调整，也就是设置立体化的样式，可在属性栏的"立体化类型"下拉列表框中进行选择，同时还可结合"深度"数值框，对调整后图形对象的透视景深效果进行掌控。

　　绘制如下左图所示的矩形图形，单击交互式立体化工具，在其工具属性栏中单击"立体化类型"下拉列表框，在弹出的选项中选择并应用不同角度的立体化效果，如下中图所示。此时还可在"深度"数值框或按下上、下快捷箭头，从而调整立体化对象的透视宽度，如下右图所示。

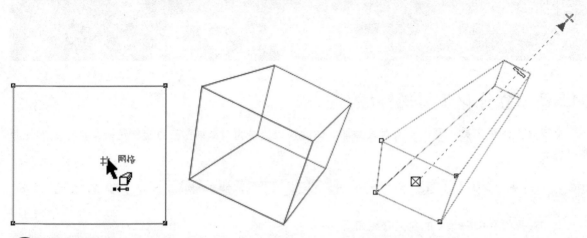

👤 **专家技巧**　调整透视效果的另一种方法

　　在交互式立体化工具的运用中，要调整对象的透视深度，还可在应用交互式立体化效果的同时拖动立体化控制柄中间的滑块以调整其透视深度。

2. 调整对象立体化方向

　　添加对象的立体化效果之后，可通过调整立体化对象的坐标旋转方向，以调整对象的三维角度。单击属性栏中的"立体的方向"按钮，在弹出的选项面板中拖动数字模型，如下左图所示，此时可调整立体化对象的旋转方向，如下右图所示。

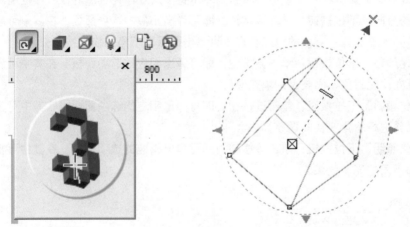

🔄 **知识链接**　立体化方向的设置

　　此时单击坐标按钮可切换至坐标数值面板。除了通过在选项面板中拖动模型和坐标数值的方法调整旋转角度外，还可通过单击立体化对象显示旋转控制柄，然后拖动并旋转控制柄以调整其旋转方向。

3．调整立体对象的颜色

单击图形对象在交互式立体化工具属性栏的"立体化颜色"下拉列表中，可以为立体图像填充颜色，既可以使用纯色，也可以使用渐变。通过为图形填充颜色实现立体效果的展示，如下右图即为填充的纯色。

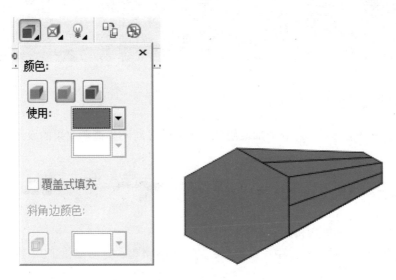

4．调整对象的立体照明效果

调整立体化图形对象的照明原理是通过模拟三维光照原理为立体化对象添加更为真实的光源照射效果，从而丰富图形的立体层次，赋予更真实的光源效果。

使用交互式立体化工具，运用"立体右上"预设，为绘制出的图形制作出立体化图形效果，如下左图所示。在其属性栏中单击"立体化照明"下拉按钮，在弹出的选项面板中可分别单击相应的数字按钮，添加多个光源效果。同时还可在光源网格中单击拖动光源点的位置，结合使用"强度"滑块调整光照强度，对光源效果进行整体控制，完成设置后，即可在页面中同步查看到应用光照效果的图形效果，如下右图所示。

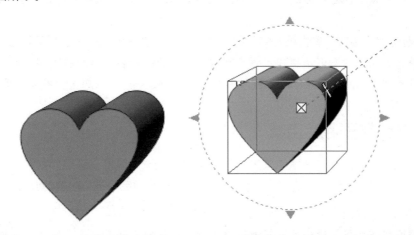

> **知识链接** 调整照片颜色
>
> 在"立体化照明"按钮的选项面板中，还可通过勾选或取消勾选"使用全色范围"复选框，从而调整立体化对象的颜色，即是否采用完全的色彩排列效果。

Section 08

交互式透明效果

交互式透明效果也就是我们常用的透明效果，这个效果不仅可以对矢量图形进行运用，也可以对位图图像进行运用。同时可结合属性栏中的选项，对透明度的类型、颜色、目标和方向角度等进行设置，从而调整出丰富的透明效果。

01 认识透明度工具属性栏

使用交互式透明度工具可为对象添加透明效果，并通过对不同透明效果的设置，丰富图像的透明度效果。

其中，属相栏中各选项的含义介绍如下：

（1）"线性"下拉列表框：在其中可设置对象的透明度类型，这里提供了9中透明度类型以供用户选择。

（2）"常规"下拉列表框：在其中可调整透明对象与其背景的颜色关系，通过将透明对象的颜色与背景颜色相混合，产生丰富的色彩效果。这里提供了28种混合方式，以便通过该选项的设置呈现出丰富的色彩效果。

（3）"透明中心点"数值框：拖动滑块或者直接在文本框中输入数值，即可调整该选项的数值，此时则能调整对象的透明范围和渐变平滑度。

（4）"角度和边界"数值框：在其中设置位于上端的参数值，可调整对象透明的方向角度，设置位于下端的参数值，可调整对象透明的边界渐变平滑度。

（5）"透明度目标"下拉列表框：在其中可对对象的填充色、轮廓色或是全部属性进行透明度处理。

（6）"冻结透明度"按钮：单击该按钮，即可将当前背景色作为冻结对象应用到透明效果中，并在除水平方向和垂直方向外的图形边缘显示锯齿状的效果。此时若将冻结后的透明对象移动至其他颜色的背景中，也可看到冻结的颜色效果。若要取消冻结的颜色效果，再次单击该按钮即可。

02 运用交互式透明度工具

使用交互式透明度工具可快速赋予矢量图形或位图图像透明效果，这里分别对该工具的具体使用方法进行介绍，结合透明度类型、透明度颜色、透明度目标的指定等进行内容的介绍和图像展示。

1. 调整对象透明度类型

调整对象透明度类型是指通过设置对象的透明状态以调整其透明效果。具体方法是：在页面中绘制图形，单击交互式透明度工具，在其属性栏的"透明度类型"下拉列表框中选择相应的选项，即可对图形对象的透明度进行默认的调整，此时若默认的调整效果还不是非常满意，可通过在"透明中心点"和"角度和边界"数值框中设置中心点的位置和透明的角度和边界效果。值得注意的是，这些操作也可直接在图形对象中通过白色的中心点和箭头图标调整。

如下3幅图像所示分别为运用"标准"、"线性"、"正方形"3中不同的透明度类型的图形效果。

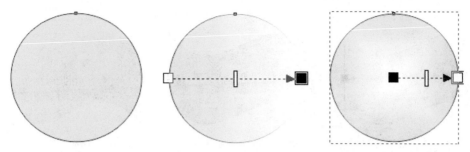

通过上面的图像可以看到，结合对中心点和角度的调整，能让图形呈现出更多不同程度的透明效果。

2. 调整透明对象的颜色

要调整设置透明效果的图形对象的颜色，可通过直接调整图形对象的填充色和背景色对色彩进行调整，同时也可在该工具属性栏的"透明度操作"下拉列表框中设置相应的选项，从而通过调整其图形对象颜色与背景颜色的混合关系，产生新的颜色效果。

选择图形对象，并为其添加"圆锥"类型透明效果，并在"透明度操作"下拉列表框中选择相应的选项即可，如下图所示。

在相同的透明度类型和参数下，在"透明度操作"下拉列表框中选择"差异"、"饱和度"和"绿"选项的图形效果，如下图所示。

3. 指定透明度目标

这里的透明度目标是指在图形中具体运用透明度的对象，可以是全部，也可以是针对图形的填充部分或轮廓部分。

选择图形对象，此时可在交互式透明度工具的"透明度目标"下拉列表框中看到有"填充"、"轮廓"和"全部"3个选项，选择"填充"选项是仅对对象的填充颜色做透明处理，选择"轮廓"选项是仅对对象的轮廓做透明处理，而选择"全部"选项则是对对象的填充颜色和轮廓同步做透明处理。

如下图所示分别为在"透明度目标"下拉列表框中分别选择"全部"、"轮廓"和"填充"的图形效果。

复制和克隆效果

复制和克隆效果可以理解为一个图形应用另一个图形的属性效果，是比较常用的操作。下面将对其相关知识进行介绍。

01 复制对象效果

除了使用交互式特效工具属性栏中的复制属性按钮进行复制操作外，还可执行"效果>复制效果"命令，在弹出的子菜单中包括"建立透视点自"、"建立封套自"、"调和自"、"立体化自"等菜单命令，此时可在其中选择相应的命令来实现。

需要注意的是，如此时页面中无相关属性效果，则子菜单中选项呈灰色显示，如右图所示。

复制对象效果的具体操作是，在执行相关命令后选择需要进行复制的图形对象，执行"效果>复制效果"命令，在其子菜单中选择相应的命令。将鼠标光标移动到复制的图形对象上，此时光标变为箭头形状，单击即可为对象应用复制的属性，如下图所示。

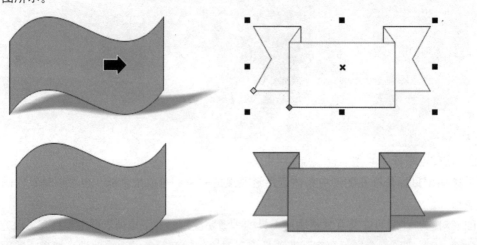

例6-1 设计产品包装盒

　　下面将利用前面所学知识练习制作一个包装盒，该包装盒颜色以绿色系为主，素材图像应用透明度效果，营造出海底的感觉。

Step 01 执行"文件>新建"命令，新建一个空白文件。使用矩形工具，绘制两个尺寸分别为"130mm×45mm"与""130mm×155mm"的矩形框，如下左图所示。

Step 02 使用选择工具，选择第一个矩形，按F11键，设置线性渐变填充，颜色调和从（C100、M0、Y100、K40）到（C40、M0、Y100、K0），具体设置如下右图所示。

Step 03 应用渐变后的效果如下右1图所示。

Step 04 为下面的矩形应用渐变填充，然后去除黑色轮廓线，如右2图所示。

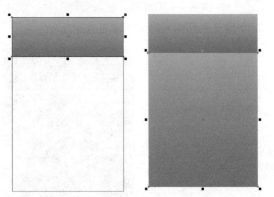

Step 05 使用矩形工具在交接位置绘制矩形框，按F11键，设置线性渐变填充，两侧的渐变颜色为（C0、M20、Y80、K30），中间的颜色是（C0、M10、Y45、K0）。其他设置如下左图所示。

Step 06 应用渐变填充后，去除轮廓线，如下右图所示。

Step 07 按组合键Ctrl+I，导入素材图像，使用透明度工具 📷 在图像上面拖动，创建透明度效果，如下左图所示。

Step 08 执行"效果>图框精确剪裁>置于图文框内部"命令，将添加透明度的图形置入到矩形中。在置入的图形上面单击右键，选择"编辑PowerClip"命令，可以对置入的图像进行编辑，最终效果如下右图所示。

Step 09 按组合键Ctrl+I，导入一幅彩色半调风格的图像素材，然后使用椭圆形工具 ⬭，绘制椭圆形，并填充颜色（C100、M0、Y100、K0），去除轮廓边 ⊠，如下左图所示。

Step 10 按组合键Ctrl+I，导入素材图片，使用透明度工具添加透明度效果，然后使用图框精确剪裁功能把图像置入到椭圆形中，如下右图所示。

Step 11 使用椭圆形工具绘制两个椭圆形，并且交错在一起，如下左图所示。

Step 12 使用选择工具框选椭圆形，在属性栏中选择"修剪" 🔲，对图形进行修剪后删除椭圆形，得到一个新的图形，如下右图所示。

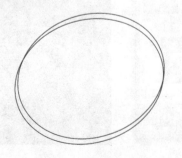 

Step 13 将图形填充白色，去除轮廓线，调整后复制一个，然后单击"垂直镜像"按钮圈和"水平镜像"按钮圌，将图形翻转。调整后的效果如下左图所示。

Step 14 按住Ctrl键，使用椭圆形工具绘制一大一小两个正圆形，如下右图所示。

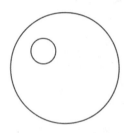

Step 15 按F11键，为大圆形应用辐射渐变，颜色调和从（C100、M100、Y0、K0）到白色，小圆形填充白色。对其进行修剪，得到一个月牙图形，填充颜色（C100、M0、Y0、K0）。最后去除轮廓色，如下左图所示。

Step 16 使用调和工具圌在小圆形上面拖动至大圆形，形成调和效果。如下右图所示。

Step 17 适当制作出其他的效果，如下左图所示。

Step 18 使用文本工具输入文字，按F12键，设置轮廓颜色（C100、M0、Y100、K30）、轮廓宽度"2mm"。具体设置如下右图所示。

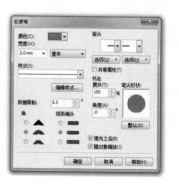

Step 19 为文字应用描边后的效果如下左图所示。

Step 20 按F11键，设置线性渐变填充，调和颜色从（C20、M0、Y60、K20）到白色，角度为90°。
选择轮廓工具⬜为文字添加白色的轮廓边，属性栏设置如下右图所示。

Step 21 应用后的效果如下左图所示。

Step 22 使用矩形工具⬜绘制矩形框，在属性栏中设置线条粗细和圆角半径。然后执行"排列＞将轮廓
转换为对象"命令。最后使用文本工具输入文字，导入图形标志。完成正面的绘制，如下右图所示。

Step 23 复制图形，制作好两侧的效果，如下左图所示。

Step 24 借助第三方软件，制作出包装效果图，如下右图所示。

02 克隆对象效果

与复制对象效果一样，克隆对象的效果也是将一个图形对象的特殊效果或属性应用到另一个图形对象中。不同的是，此时选择图形对象后执行的是"效果>克隆效果"命令。如下两幅图像所示分别为在显示出可克隆对象的箭头图标和克隆后的图形效果。

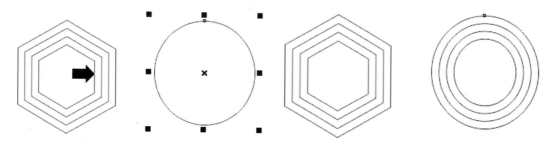

设计师训练营 设置制作披雪字

本例我们通过练习制作披雪字效果，来对本章的内容进行温习巩固。

Step 01 新建一个空白文件。使用文本工具🅣输入文字，在属性栏中选择一种较粗的字体，如左下图所示，字体效果如下右图所示。

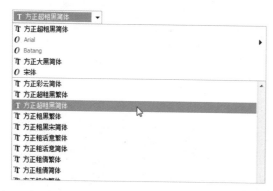

Step 02 按F11键，打开"渐变填充"对话框，设置线性渐变填充，颜色调和从（C50、M0、Y0、K0）到（C100、M100、Y0、K0），其他设置如下左图所示。

Step 03 应用渐变填充后的效果如下右图所示。

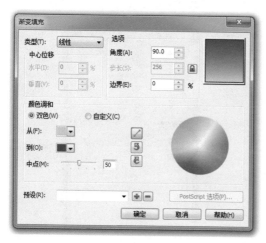

Step 04 按+键，复制文字。使用贝塞尔工具绘制不规则路径，如下左图所示。

Step 05 按住Shift键，加选文字，在属性栏中单击"修剪"按钮，得到一个新的图形，如下右图所示。

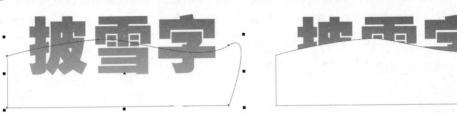

Step 06 删除路径。执行"窗口>泊坞窗>对齐与分布"命令，打开对齐与分布泊坞窗。使用选择工具选择修剪后的图形和之前的渐变文字，选择"水平居中对齐"和"顶端对齐"，如下图所示。

Step 07 选择透明度工具，在属性栏中选择"标准"，设置"开始透明度"为50，具体设置如下左图所示。

Step 08 应用透明度后的效果如下右图所示。

Step 09 使用矩形工具绘制矩形条，填充颜色（C100、M0、Y0、K0），并去除轮廓线，如下左图所示。

Step 10 执行"编辑>步长和重复"命令，打开"步长和重复"泊坞窗，设置水平偏移距离和偏移份数，如下右图所示。

Step 11 应用后的效果如下左图所示。使用选择工具  框选图形，在图形上面单击，出现选择锚点后，将鼠标放在上部居中位置，向右拖动，使矩形条整体倾斜，如下右图所示。

Step 12 执行"效果>图框精确剪裁>置于图文框内部"命令，当鼠标箭头成为 ➡️，在文字上面单击，将倾斜的矩形条置入到文字中，如下左图所示。

Step 13 使用矩形工具 ▫️ 绘制矩形背景，填充颜色（C100、M100、Y0、K0），如下右图所示。

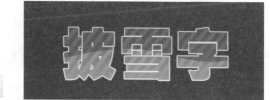

Step 14 使用轮廓工具 ▦ 为文字添加白色的轮廓边，属性设置如下左图所示。

Step 15 添加白色轮廓边后的效果如下右图所示。

Step 16 使用阴影工具 ▣ 为文字添加阴影效果。属性栏设置如下左图所示，应用后的效果如下右图所示。

Step 17 使用贝塞尔工具 ▨ 在文字的上方位置绘制不规则路径，使用形状工具 ▨ 进行辅助调节。最后填充颜色（C0、M0、Y0、K70），去除轮廓线，如下左图所示。

Step 18 按+键，复制路径，填充白色，按方向键使其向上移动，如下右图所示。

Step 19 使用调和工具图直接拖动白色和灰度图形，创建调和效果。在属性栏中的设置如下左图所示，调和后的效果如下右图所示。

Step 20 复制文字，使用"垂直镜像"图和"水平镜像"图，使文字镜像，如下左图所示。

Step 21 执行"位图>转换为位图"命令，将文字转换为图像。使用"透明工具"图自上而下进行拖动，创建透明度，如下右图所示。

Step 22 将制作的透明度效果，放在文字下方，制作出倒影效果，如下图所示。

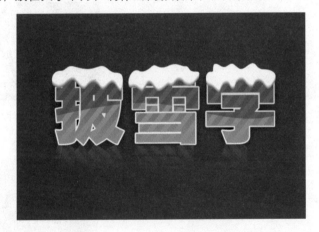

1. 选择题

（1）下面的图形，是采用（　　）特殊效果实现的。

A. 交互式调和　　　　　　　　·B. 交互式轮廓

C. 交互式立体化　　　　　　　D. 交互式阴影

（2）一个圆形，经过下列哪种操作可以快速实现下图的变化效果（　　）。

A. 扭曲变形　　　　　　　　　B. 推拉变形

C. 拉链变形　　　　　　　　　D. 添加封套

2. 填空题

（1）使用交互式变形工具可为图形对象添加变形效果。主要包括推拉变形、_____以及_____3
种不同的的变形样式的运用。

（2）对于拉链失真振幅，数字越大，振幅越_____。失真频率表示对象拉链变形的波动量，
数值越大，其波动得越_____。

（3）交互式轮廓图的运用包括_____、_____、设置加速轮廓图对象和颜色等。

3. 上机题

利用本章所学的知识设计制作如下图所示的水晶球。

Chapter

07

处理位图图像

　　很多作品需要对一些图片进行优化处理，尽管CorelDRAW是一款以矢量图处理著称的设计软件，但它却也有着强大的位图处理功能。位图的导入与裁剪、色彩的调整、矢量图与位图的转换等，都可以非常容易实现。本章我们就来了解一下CorelDRAW中位图的操作处理方法。

重点难点

- 位图大小的调整与裁剪
- 图像调整实验室
- 矫正图像
- 位置的色彩调整

Section 01

位图的导入和转换

本章将对位图的基本操作知识进行介绍，通过对本章内容的学习，读者可以更好地更深入地认识位图。

01 导入位图

导入全图像即在CorelDRAW X6工作界面中导入位图图像，位图图像较为特别，不能使用"打开"命令将其打开，只能使用"导入"命令将其导入到工作界面中。

CorelDRAW X6提供了3种导入位图图像的方法，其分别如下：

- 使用"文件>导入"命令导入；
- 使用快捷键Ctrl+I导入；
- 使用标准工具栏中的按钮导入。

02 调整位图大小

调整位图大小，只需单击选择工具，选择位图后将鼠标光标放置在图像周围的黑色控制点上，然后单击并拖动图像即可调整位图的大小。

此外，也可以直接选择位图后，通过工具属性栏直接输入宽度和高度值，按下Enter键确认即可改变位图的大小。

Section 02

位图的编辑

位图的编辑是位图学习的重点，使用户可以更加灵活地调整位图，从而方便作图。下面将详细介绍位图编辑的内容。

01 裁剪位图

位图是可以进行裁切的，有两种方法可快速达到想要的效果。其方法是选择位图图像，如右1图所示，单击形状工具，此时图像周围出现节点。通过转换节点等编辑操作调整位图形状，可以将不需要的部分进行裁切，得到的效果如右2图所示。

02 矢量图与位图的转换

在CorelDRAW X6中，矢量图和位图是可以进行相互转换的。将矢量图转换为位图后，可在软件中应用一些如调和曲线，替换颜色等只针对位图图像的颜色调整命令，从而让图像效果更真实。将位图转换为矢量图，则可以保证图像效果在打印过程中不变形。下面分别介绍矢量图和位图的转换方法。

1. 矢量图转换为位图

打开或绘制好矢量图形，执行"位图＞转换为位图"命令，即可打开"转换为位图"对话框，如下左图所示。在其中可对生成位图的分辨率、光滑处理、透明背景等进行设置，完成后单击"确定"按钮，即可将矢量图转换为位图。

需要注意的是，将矢量图转换为位图后，即可对其执行相应的调整操作，如颜色转换等，使图像效果发生较大的改变。

2. 位图转换为矢量图

位图转换为矢量图有多种模式可供用户选择使用。在CorelDRAW X6中，导入位图选择该图像，在选择工具属性栏中单击"描绘位图"按钮，弹出下拉列表，在其中有"快速描摹"、"中心线描摹"以及"轮廓描摹"等选项，如下右图所示。在"中心线描摹"和"轮廓描摹"选项下还有多个子选项，用户可根据需求进行设置。

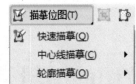

"快速描摹"选项没有参数设置对话框，选择该选项后软件自动执行转换。而若选择"徽标"、"剪贴画"等选项，则会打开PowerTRACE对话框，从中可对细节、平滑以及是否删除原始图像进行设置。如下图所示分别为原位图图像以及通过快速描摹方式转换的矢量图效果。

Section 03

快速调整位图

要对位图的颜色进行调整，可使用软件自带的颜色调整命令。这些调整命令可以是"自动调整"命令、"图像调整实验室"命令以及"矫正图像"命令，这些命令没有收录在"调整"命令中，但却能快速地对位图颜色进行调整。

01 应用"自动调整"命令

"自动调整"命令是软件根据图像的对比度和亮度进行快速的自动匹配，让图像效果更清晰分明。需要注意的是，该命令没有参数设置对话框，只需选择位图图像后执行"位图 > 自动调整"命令，即可自动调整图像颜色。如下两幅图像所示分别为原图像和使用"自动调整"命令调整后的位图效果。

02 "图像调整实验室"命令

运用"图像调整实验室"命令，可快速调整图像的颜色，该命令在功能上集图像的色相、饱和度、对比度、高光等调色命令于一体，可同时对图像进行多方面的调整。"图像调整实验室"命令的使用方法是选择位图图像，如下左图所示，执行"位图 > 图像调整实验室"命令，打开"图像调整实验室"对话框，在其右侧栏中拖动滑块设置参数，以调整图像颜色，完成后单击"确定"按钮即可，得到的效果如下右图所示。

在调整过程中，若对效果不是很满意，则可在"图像调整实验室"对话框中单击"重置为原始值"按钮，快速地将图像返回原来的颜色状态，以便对其进行再次调整。

03 "矫正图像"命令

使用"矫正图像"命令，可快速矫正构图上有一定偏差的位图图像，该命令是对旋转和裁剪功能的一种整体运用，将这两种操作进行了一体化的集结，并对效果进行实时预览，使对图像的调整更为准确，同时也提高了处理速度。

Section 04 位图的色彩调整

位图图像的颜色调整除了能通过"自动调整"、"图像调整实验室"以及"矫正图像"这些命令外,最主要的还是通过软件提供的系列调整命令进行。应用系列调整命令可快速改变位图图像的颜色、色调、亮度、对比度,使图像效果更符合使用环境,同时还可让位图图像显示出不同的效果。

01 调合曲线

使用"调合曲线"命令,可以通过控制单个像素值精确地调整图像中的阴影、中间值和高光的颜色,从而快速调整图像的明暗关系。

选择位图图像,执行"效果>调整>调合曲线"命令,打开"调合曲线"对话框。从中单击添加锚点,拖动锚点调整曲线。完成后单击"确定"按钮,应用调整,调整前后的对比效果如下图所示。

专家技巧 巧妙调整通道颜色

在调和曲线时,打开"调和曲线"对话框后,用户可在活动通道下拉列表框中分别选择"红"、"绿"和"篮"3个选项,同时在曲线框中拖动并调整曲线,这样即可调整图像的3个通道的颜色。

02 亮度/对比度/强度

亮度即指图像的明暗关系,对比度表示图像中明暗区域中最暗与最亮之间不同亮度层次的差异范围,强度则是执行对比度和亮度的程度。

使用"亮度/对比度"命令,可以调整所有颜色的亮度以及明亮区域与暗调区域之间的差异。选择位图图像,执行"效果>调整>亮度/对比度/强度"命令,打开如右图所示的"亮度/对比度/强度"对话框,从中拖动滑块即可调整相应的参数,完成后单击"确定"按钮即可。

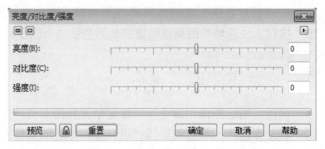

03 颜色平衡

使用"颜色平衡"命令，可在图像原色的基础上根据需要添加其他颜色，或通过增加某种颜色的补色，以减少改颜色的数量，从而改变图像的色调，达到纠正图像中偏色或做出只有某种色调的图像的目的。

选择位图图像，执行"效果>调整>颜色平衡"命令（或按组合键Ctrl+Shift+B），打开"颜色平衡"对话框，从中拖动滑块设置参数。完成后单击"确定"按钮，即可调整图像，执行该操作前后的对比效果如下图所示。

04 替换颜色

使用"替换颜色"命令，可改变图像中部分颜色的色相、饱和度和明暗度，从而达到改变图像颜色的目的。

选择图像，执行"效果>调整>替换颜色"命令，打开"替换颜色"对话框。在"原颜色"和"新建颜色"下拉列表框中对颜色进行设置。此时单击吸管按钮，可在图像中吸取原来颜色或是替换颜色，增加调整的自由度。完成颜色的设置后，在"颜色差异"栏中拖动滑块调整参数，单击"确定"按钮即可，替换颜色前后的对比效果如下图所示。

🔄 **知识链接** 替换颜色的应用

"替换颜色"命令是针对图像中某个颜色区域进行调整的。

05　通道混合器

　　使用"通道混合器"命令，可将图像中某个通道中的颜色与其他通道的颜色进行混合，使图像产生混合叠加的合成效果，从而起到调整图像色彩的作用。

　　选择图像，执行"效果＞调整＞通道混合器"命令，打开"通道混合器"对话框，从中对输出通道以及各种颜色进行选择，并结合滑块调整参数，让调整更多样化，完成后单击"确定"按钮，所选图像前后的对比效果如下图所示。

专家技巧　通道混合命令的实际应用

　　在实际应用中，使用"通道混合"命令，可快速调整图像的色相，以为图像赋予不同的风格。

设计师训练营　房地产广告的设计

　　下面将利用前面所学的知识，练习制作一则房地产广告，其具体操作过程介绍如下：

Step 01 新建一个空白文件。使用矩形工具▭绘制矩形条，在属性栏中设置尺寸为"230mm×80mm"，如下图所示。

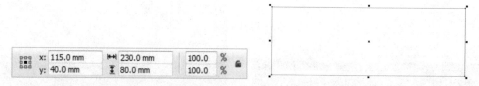

Step 02 按F12键，打开"轮廓笔"对话框，设置轮廓颜色（M:100;Y:100）、轮廓粗细2.5mm，如下左图所示。应用轮廓笔后的效果如下右图所示。

Step 03 按F11键，打开"渐变填充"对话框，设置线性渐变，颜色调和从（C0、M10、Y20、K0）到白色，其他设置如下左图所示。应用渐变填充后，效果如下右图所示。

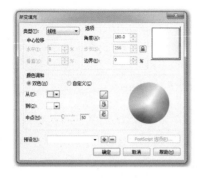 

Step 04 按组合键Ctrl+I，导入图像素材。执行"效果>图框精确剪裁>置于图文框内部"命令，当鼠标箭头成为➡时，在矩形上面单击，将素材置于到矩形中。置入后的初始效果如下图所示。

Step 05 单击图像下方的第一个按钮"编辑PowerClip"，对矩形框中的图像进行编辑。如下图所示。

Step 06 单击图形下方的"停止编辑内容"按钮，退出编辑，如下图所示。

Step 07 使用文本工具🅃输入文字，并填充黑色，如下图所示。

Step 08 使用"文本工具"字拖动，选择数字"2"。按组合键Ctrl+T，打开"文本属性"泊坞窗，在段落选项中设置"上标"，如下左图所示。

Step 09 应用"上标"后的效果如下右图所示。

Step 10 使用文本工具字输入文字，按F11键，设置线性渐变填充，颜色调和从（C0、M100、Y100、K40）到（C0、M60、Y100、K0），其他设置如下左图所示。应用渐变填充后的效果如下右图所示。

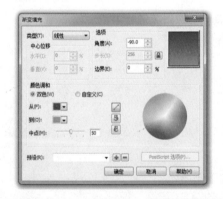

Step 11 按F12键，打开"轮廓笔"对话框，设置轮廓宽度和轮廓颜色，如下左图所示。应用白色描边后的效果如下右图所示。

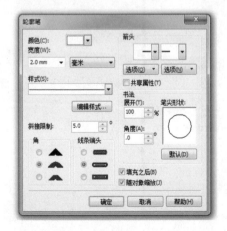

Step 12 使用文本工具🅣输入文字，并使用"矩形工具"🔲绘制矩形条，如下左图所示。

Step 13 使用形状工具🔧拖动矩形任意一角，改变矩形的圆角半径，如下右图所示。

Step 14 选择属性滴管工具🖊，在属性栏中勾选"填充"复选框，其他选项全部取消，如下左图所示。

Step 15 当鼠标箭头成为滴管形状时，在"新别墅时代"上面单击，吸取渐变色，然后鼠标箭头会成为油漆桶形状，这时候在圆角矩形上面单击，可将渐变色填充到圆角矩形中，如下右图所示。

Step 16 使用右键单击调色板中的⊠，去除轮廓线，使用文本工具🅣输入文字，并填充白色，如下图所示。

Step 17 执行"文本>插入符号字符"命令，打开"插入字符"泊坞窗，在"字体"下拉列表中选择Wingdings，如右图所示。

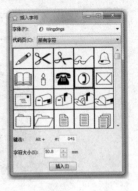

Step 18 在下方的图形库中找到电话的图形，将其拖动到工作区中的初始状态如下左图所示。

Step 19 按组合键Shift+F11，打开"均匀填充"对话框，设置红色填充（C0、M100、Y100、K0），然后去除轮廓线，如下右图所示。

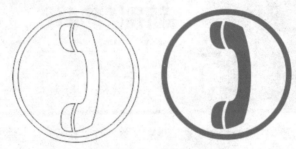

Step 20 使用文本工具🇦输入其他文字，将电话图形放置于电话号码前面并适当缩小。按组合键Ctrl+I，导入Logo。按住Ctrl键，使用"矩形工具"▫绘制正方形，并填充黑色。最终完成效果如下图所示。

课后练习

1. 选择题

（1）打开"颜色平衡"对话框的快捷方式是下列哪组快捷键（　　）。

    A. Ctrl+Shift+B   B. Ctrl+B

    C. Ctrl+Shift+F   D. Ctrl+F

（2）在 CorelDRAW 中，有关矢量图与位图转换的说法，下列不正确的是（　　）。

    A. 矢量图可以转换为位图

    B. 矢量图转换为位图后，形状不会发生变化

    C. 位置可以转换为矢量图，转换后会有不同程度的失真

    D. 位图可以转换为矢量图，且转换后不失真

（3）在 CorelDRAW 中操做"转换为位图"会造成（　　）。

    A. 分辨率损失   B. 图像大小损失

    C. 色彩损失   D. 什么都不损失

2. 填空题

（1）使用_____命令，可快速调整图像的颜色，该命令在功能上集图像的色相、饱和度、对比度、高光等调色命令于一体，可同时对图像进行多方面的调整。

（2）使用_____命令，可将图像中某个通道中的颜色与其他通道的颜色进行混合，使图像产生混合叠加的合成效果，从而起到调整图像色彩的作用。

（3）使用_____命令，可以通过控制单个像素值精确地调整图像中的阴影、中间值和高光的颜色，从而快速调整图像的明暗关系。

3. 上机题

（1）导入一个位图，对其进行各种色彩的调整操作，掌握色彩的调整技巧。

操作提示

执行"效果>调整>高反差"命令，在打开的"高反差"对话框中进行设置即可。参考下图：

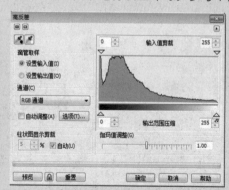

（2）在网上下载一个化妆品的位图，利用CorelDRAW制作一个化妆品店的宣传广告。

Chapter

08

滤镜效果的应用

　　使用滤镜可以使一幅图像瞬间达到一个不可思议的效果。这些滤镜的使用在图像处理中是不可或缺的。与Photoshop等图像处理软件一样，CorelDRAW也有着强大的滤镜功能，如透视、球面、模糊、艺术笔触等效果，都是非常实用的。本章我们就来学习CorelDRAW中的滤镜功能。

重点难点

- 三维效果滤镜的使用
- 卷面效果的使用
- 模糊效果滤镜的使用
- 轮廓图效果的使用
- 扭曲效果的使用

认识滤镜

简单来讲，滤镜的功能就类似于相机中各种特殊的镜头，通过对不同的镜头运用，能拍出不同效果的照片。滤镜也一样，使用不同的滤镜，能快速赋予图像不同的效果，这一功能不论是在Photoshop还是CorelDRAW中都适用。需要注意的是，CorelDRAW中的滤镜只针对位图图像进行效果的处理。

01 内置滤镜

CorelDRAW X6为用户提供了70多种不同特性的滤镜，由于这些滤镜是软件自带的，因此也称为内置滤镜，它们被收录在"位图"菜单中，用户只需单击该菜单即可查看。

根据滤镜功能的不同，系统对其进行了分类，包括"三维效果"、"艺术笔触"、"模糊"、"相机"、"颜色转换"、"轮廓图"、"创造性"、"扭曲"、"杂点"、以及"鲜明化"等。每一类即一个滤镜组，每个滤镜组中还包含了多个滤镜效果命令，将鼠标光标在该滤镜组上稍作停留，即可显示出该组的相应滤镜。如下图所示分别为"碳化笔"、"蜡笔画"、"印象派"滤镜效果。每种滤镜都有各自的特性，用户可跟据实际情况进行灵活运用。

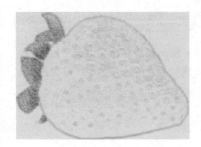 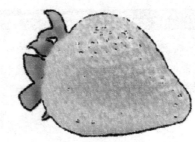 

02 滤镜插件

在CorelDRAW X6中，除了可以使用软件自带的内置滤镜外，系统还支持第三方提供滤镜插件。这类插件多是外挂厂商出品的适应该软件的效果滤镜，非常实用，能快速制作出些特殊的效果。

第三方滤镜插件需要先进行安装，在安装时，可根据该插件相应的安装提示，将其安装到\program files\CorelDRAW Graphics Suite X6/PlugIns 目录即可。当完成插件安装后，需要重新启动电脑。执行"位图＞插件"命令，选择安装的滤镜后，在展开的滤镜子菜单对滤镜命令进行调用。

三维效果滤镜

执行"位图>三维效果"命令，在弹出的菜单中即可查看该组的滤镜，其中包括"三维旋转"、"柱面"、"浮雕"、"卷页"、"透视"、"挤远/挤近"和"球面"等多种滤镜，使用这些滤镜能让位图图像呈现出三维变换效果。

01　三维旋转

使用"三维旋转"滤镜可以使平面图像在三维空间内进行旋转。

选择位图图像，执行"位图>三维效果>三维旋转"命令，弹出"三维旋转"对话框，可在数值框中输入相应的数值，也可直接在左下角的三维效果中单击并拖动对效果进行调整，完成后单击"确定"按钮应用该滤镜。应用三维滤镜前后的对比效果如右图所示。

知识链接　滤镜参数设置

CorelDRAW X6中，滤镜虽然种类较多，但在应用滤镜的操作时都较为相似。只需在界面中选择位图图像，然后在菜单栏中打开"位图"菜单，从中选择滤镜组，然后在滤镜组中选择相应的滤镜命令，在弹出的参数设置对话框中进行相关的设置，完成后单击"确定"按钮即可。

02　浮雕

使用"浮雕"滤镜可快速将位图制作出类似浮雕的效果，其原理是通过勾画图像的轮廓和降低周围色值，进而产生视觉上的凹陷或浮面凸出效果，形成浮雕感。在CorelDRAW中制作浮雕效果时，还可根据不同的需求设置浮雕颜色、深度等。

选择位图图像，执行"位图>三维效果>浮雕"命令，打开"浮雕"对话框，从中调整合适的预览窗口，此时还可选中"原始颜色"单选按钮，进行参数设置。预览效果后，单击"确定"按钮应用该滤镜，应用浮雕滤镜前后的对比效果如下图所示。

03 卷页

卷页效果是指在图像的4个边角边缘形成的内向卷曲的效果。使用"卷页"滤镜可快速制作出完美的卷页效果。

选择位图图像，执行"位图>三维效果>卷页"命令，打开"卷页"对话框，从中单击左侧的方向按钮即可设置卷页方向，同时还可通过选中"不透明"和"透明的"单选按钮，对卷页的效果进行设置。

另外，用户可结合"卷曲"和"背景"下拉按钮对卷曲部分和背景颜色进行调整。单击🖊按钮可在图像中吸取颜色，此时的卷页颜色则以吸取的颜色进行显示。完成相关设置后进行预览，若效果满意，则单击"确定"按钮即可。应用卷页滤镜前后的对比效果如下图所示。

04 透视

透视是一个相对的空间概念，它用线条显示物体的空间位置、轮廓和投影，形成视觉上的空间感。使用"透视"滤镜可快速为图像赋予三维的景深效果，从而调整其在视觉上的空间效果。

选择位图图像，执行"位图>三维效果>透视"命令，打开"透视"对话框，从中可看到，透视效果有"透视"和"切变"两种透视类型，此时选中相应的单选按钮即可进行应用。完成设置后进行预览，最后单击"确定"按钮应用该滤镜，其前后对比效果如下图所示。

🔄 **知识链接** 巧妙改变图像的透视效果

若要改变图像的透视效果，则可通过在左下角的方框图中调整4个节点以改变位图的三维效果。

05 挤远/挤近

挤远效果是指使图像产生向外凸出的效果，挤近效果是指使效果图像产生向内凹陷的效果。使用"挤远/挤近"滤镜可以使图像相对于中心点，通过弯曲挤压图像，从而产生向外或向内凹陷的变形效果。

选择位图图像，执行"位图 > 三维效果 > 挤远/挤近"命令，打开"挤远/挤近"对话框，从中拖动"挤远/挤近"栏的滑块或在文本框中输入相应的数值，即可使图像产生变形效果。当数值为0时，表示无变化；当数值为正数时，将图像挤远，形成凹效果；当数值为负数时，将图像挤近，形成凸效果，如下图所示。完成后单击"确定"按钮，即可应用该滤镜。

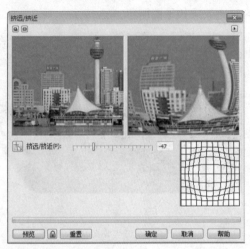 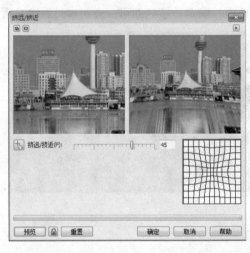

知识链接　认识球面滤镜

球面指以球心为顶点，在球表面切割等于球半径的平方面积，对应的立体角为球面弧度。CorelDRAW的球面效果指在图像中形成平面凸起，模拟出类似球面效果。要实现该效果可使用"球面"滤镜。

Section 03　其他滤镜组

本节将对CorelDRAW中的"艺术笔触"、"模糊"、"相机"、"颜色转换"、"轮廓图"、"创造性"、"扭曲"、"杂点"和"鲜明化"9个滤镜组进行统一介绍。

01 艺术笔触

使用"艺术笔触"滤镜组中的滤镜可对位图图像进行艺术加工，赋予图像不同的绘制画风格效果。该滤镜组中包含了"炭笔画"、"单色蜡笔画"、"蜡笔画"、"立体派"、"印象派"、"调色刀"、"彩色蜡笔画"、"钢笔画"、"点彩派"、"木版画"、"素描"、"水彩画"、"水印画"以及"波纹纸画"14种滤镜。下面将分别对其功能进行介绍。

（1）**炭笔画**：使用该滤镜，可以制作出类似使用炭笔在图像上进行绘制的图像效果，多用于对人物图像或照片进行艺术化处理，如下左侧两幅图像所示分别为原图和应用炭笔画滤镜后的效果。

（2）**单色蜡笔画、蜡笔画以及彩色蜡笔画**：这3种滤镜都为蜡笔效果，使用这几种滤镜都能快速将图像中的像素分散，模拟出蜡笔画的效果，如下右侧图像为应用单色蜡笔画滤镜后的效果。

（3）**立体派**：使用该滤镜，可以将相同颜色的像素组成小颜色区域，从而让图像形成带有一定油画风格的立体派图像效果，如下左侧图像为应用立体派滤镜后的效果。

（4）**印象派**：使用该滤镜，可以将图像转换为小块的纯色，创建类似印象派作品的效果，如下中图像为应用印象派滤镜后的效果。

（5）**调色刀**：使用该滤镜，可以使图像中相近的颜色相互融合，减少了细节以产生写意效果，如下右侧图像为应用调色刀滤镜后的效果。

（6）**钢笔画**：使用该滤镜，可为图像创建钢笔素描绘图的效果，如下左侧两幅图像所示分别为原图和应用钢笔画滤镜后的效果。

（7）**点彩派**：使用该滤镜，可以快速赋予图像一种点彩画派的风格，如下右侧图像为应用点彩派滤镜后的效果。

（8）**木版画**：使用该滤镜，可以使图像产生类似由粗糙剪切的彩纸组成的效果，使得彩色图像看起来像由几层彩纸构成的，从而让效果就像刮涂绘画得到的效果一样，如下左侧图像为应用木版画滤镜后的效果。

（9）**素描**：使用该滤镜，可以使图像产生素描绘画的手稿效果，该功能是绘制功能的一大特色体现，如下中图像为应用素描滤镜后的效果。

（10）**水彩画**：使用该滤镜，可以描绘出图像中的景物形状，同时对图像进行简化、混合、渗透，进而使其产生水彩画的效果，如下右侧图像为应用水彩画滤镜后的效果。

（11）**水印画**：使用该滤镜，可以为图像创建水彩斑点绘画的效果，如下左侧两幅图像所示分别为原图和应用水印画滤镜后的效果。

（12）**波纹纸画**：使用该滤镜，可以使图像看起来好像绘制在带有底纹的波纹纸上，如下右侧图像为应用波纹纸画滤镜后的效果。

02　模糊

使用"模糊"滤镜组中的滤镜，可以对位图图像中的像素进行模糊处理。执行"位图>模糊"命令，在弹出的子菜单中可以看到，该滤镜中包含了"定向平滑"、"高斯式模糊"、"锯齿状模糊"、"低通滤波器"、"动态模糊"、"放射式模糊"、"平滑"、"柔和"以及"缩放"9种滤镜。下面将分别对其滤镜的功能进行介绍。

（1）**定向平滑**：使用该滤镜，可在图像中添加微小的模糊效果，使图像中渐变的区域变得平滑。

（2）**高斯式模糊**：使用该滤镜，可根据半径的数据使图像按照高斯分布变化快速地模糊图像，产生良好的朦胧效果，如下右图为对左图高斯模糊后的效果。

（3）**锯齿状模糊**：使用该滤镜，可为图像添加细微的锯齿状模糊效果。值得注意的是，该模糊效果不是非常明显，需要将图像放大多倍后才能观察出其变化效果。

（4）**低通滤波器**：使用该滤镜，可以调整图像中尖锐的边角和细节，使图像的模糊效果更柔和，形成一种朦胧的模糊效果，如下右图为对左图使用该滤镜后的效果。

（5）**动态模糊**：使用该滤镜，可以模仿拍摄运动物体的手法，通过使像素进行某一方向上的线性位移产生运动模糊效果，如下右图为对左图动态模糊后的效果。

（6）**放射式模糊**：该滤镜可使图像产生从中心点放射的模糊效果。中心点处的图像效果不变，离中心点越远，模糊效果越强烈，如下右图为对左图放射式模糊后的效果。

（7）**平滑**：使用该滤镜，可以减小相邻像素之间的色调差别，使图像产生细微的模糊变化。

（8）**缩放**：使用该滤镜，可以使图像中的像素从中心点向外模糊，离中心点越近，模糊效果越弱，如下右图为对左图使用缩放滤镜后的效果。

（9）**柔和**：使用该滤镜，可以使图像产生轻微的模糊效果，但不会影响图像中的细节。

03 相机

相机滤镜组较为特殊，该组只有"扩散"滤镜，使用"扩散"滤镜，可使图像形成一种平滑视觉过渡效果，其原理是将图像中像素的色彩向周围进行颜色的柔和过渡匹配。

04 颜色转换

使用"颜色转换"滤镜组中的滤镜，可为位图图像模拟出一种胶片印染效果，且不同的滤镜制作出的效果也不尽相同。该滤镜组中包含了"位平面"、"半色调"、"梦幻色调"和"曝光"4种滤镜，这些滤镜能转换像素的颜色，形成多种特殊效果。下面分别对该组中滤镜的功能进行介绍。

（1）**位平面**：使用该滤镜，可以将图像中的颜色减少到基本RGB颜色，使用纯色来表现色调，这种效果适用于分析图像的渐变，如下图所示为应用该滤镜后的对比效果。

（2）**半色调**：使用该滤镜，可以为图像创建彩色的版色效果，图像将由用于表现不同色调的一种不同大小的原点组成，在参数对话框中，可调整"青"、"品红"、"黄"、和"黑"选项的滑块，以指定相应颜色的筛网角度，如下图所示为应用该滤镜前后的对比效果。

（3）**梦幻色调**：使用该滤镜，可以将图像中的颜色转换为明亮的电子色，如橙青色、酸橙绿等。在参数设置对话框中，调整"层次"选项的滑块可改变梦幻效果的强度。该数值越大，颜色变化效果越强，数值越小，则使图像色调更趋于在一个色调中，如下图所示为应用该滤镜前后的对比效果。

（4）**曝光**：使用该滤镜，可以使图像转换为类似照相中的底片效果。在其参数设置对话框中，拖动"层次"选项滑块可改变曝光效果的强度。如下图所示为应用该滤镜前后的对比效果。

05 轮廓图

使用"轮廓图"滤镜组中的滤镜，可以跟踪位图图像边缘，以独特的方式将复杂图像以线条的方式进行表现。轮廓图滤镜组中包含了"边缘检测"、"查找边缘"、"描摹轮廓"3种滤镜。

（1）**边缘检测**：使用该滤镜，可以快速找到图像中各种对象的边缘。在其参数设置对话框中，可对背景以及检测边缘的灵敏度进行调整。

（2）**查找边缘**：使用该滤镜，可以检测图像中对象的边缘，并将其转换为柔和的或者尖锐的曲线，这种效果也适用于高对比度的图像，在参数设置对话框中，选中"软"单选按钮可使其产生平滑模糊的轮廓线，选中"纯色"单选按钮可使其产生尖锐的轮廓线。

（3）**临摹轮廓**：使用该滤镜，以高亮级别0~255设定值为基准，跟踪上下端边缘，将其作为轮廓进行显示，这种效果最适合应用于包含文本的高对比度位图中。

以下3幅图依次应用了上面3种滤镜所得到的效果。

06 创造性

使用"创造性"滤镜组中的滤镜,可以将图像转换为各种不同的形状和纹理,该滤镜组中包含了"工艺"、"晶体化"、"框架"、"玻璃砖"、"儿童游戏"、"马赛克"、"粒子"、"散开"、"茶色玻璃"、"彩色玻璃"、"虚光"、"漩涡"和"天气"14种滤镜。下面分别对其功能进行介绍,同时结合应用相应滤镜后的图像进行效果展示,以便让用户快速认识这些滤镜的功能。

(1)**工艺**:使用该滤镜,可以用拼图板、齿轮、弹珠、糖果,瓷砖以及筹码等形式改变图像的效果。在参数设置对话框中选择样式后,调整"大小"选项的滑块可以改变工艺品图块的大小,调整"完成"选项的滑块可设置对话框中选择的样式后,调整"亮度"选项的滑块可改变光线的强弱。

(2)**晶化体**:使用该滤镜,可将图像转换为类似放大观察水晶时的细致块状效果。在参数设置对话框中,调整"大小"选项的滑块可改变水晶碎块的大小。应用该滤镜前后的对比效果如下图所示。

(3)**织物**:使用该滤镜,可以使刺绣、地毯勾织、彩格被子、珠帘、丝带以及拼纸等样式为图像创建不同织物底纹效果。

(4)**框架**:使用该滤镜,可以将图像装在预设的框架中,形成一种画框的效果。

(5)**玻璃砖**:使用该滤镜,可以将图像产生透过厚玻璃块所看到的效果,在参数设置对话框中,可同时调整"块宽度"和"块高度"选项的滑块,以便制作出均匀的砖性图案。

(6)**儿童游戏**:使用该滤镜,可以将图像转换为有趣的形状,在参数设置对话框中的"游戏"下拉列表框中,可以选择不同的形状。

(7)**马塞克**:使用该滤镜,可以将原图像分割为若干个颜色块。在参数设置对话框中,调整"大小"选项的滑块可以改变颜色的大小,在背景色下拉按钮中可以选择背景颜色,若勾选"虚光"复选框,则可在马赛克效果上添加一个虚光框架。应用该滤镜前后的对比效果如下图所示。

（8）**粒子**：使用该滤镜。可为图像添加星星或者气泡的微粒效果，调整"粗细"选项的滑块可以改变星星或者气泡的大小，调整"密度"选项的滑块可以改变星星或者气泡的密度，在竖直框中可以设置光线的角度。

（9）**散开**：使用该滤镜，可将图像中的像素散射，产生特殊的效果，在参数设置对话框中，调整"水平"选项的滑块可改变水平方向的散开效果，调整"垂直"选项的滑块可改变垂直方向的散开效果。

（10）**茶色玻璃**：使用该滤镜，可在图像上添加一层彩色，得到类似透过彩色玻璃所看到的图像效果。应用该滤镜前后的对比效果如下图所示。

（11）**彩色玻璃**：使用该滤镜得到的效果与结晶效果相似，但它可以设置玻璃之间边界的宽度和颜色，在参数设置对话框中，调整"大小"选项的滑块可以改变玻璃块的消息，调整"光源强度"选项的滑块可以改变光线的强度。勾选"三维照明"复选框，则可创建三维灯光效果。

（12）**虚光**：使用该滤镜，可在图像中添加一个边框，使图像根据边框向内产生朦胧效果。同时，还可对边缘的形状、颜色等进行设置。

（13）**漩涡**：使用该滤镜，可使图像绕指定的中心产生旋转效果。在其参数设置对话框的"样式"下拉列表框中，可选择不同的旋转样式。应用该滤镜前后的对比效果如下图所示。

（14）**天气**：使用该滤镜，可在图像中添加雨、雪、雾等自然效果。在参数对话框的"预报"区域中可选择雪、雨或者雾效果。若单击"随机化"按钮，则可使用雨、雪、雾等效果随机变化。以下两幅图分别为模拟雪和雨的天气效果。

07 扭曲

使用"扭曲"滤镜中的滤镜，可以通过不同的方式对位图图像中的像素进行扭曲，从而改变图像中像素的组合情况，制作出不同的图像效果。该滤镜组中包含了"块状"、"置换"、"偏移"、"像素"、"龟纹"、"漩涡"、"平铺"、"湿笔画"、"涡流"和"风吹效果"10种滤镜。下面分别对其功能进行介绍，同时结合相应滤镜后的图像进行效果展示。

（1）**块状**：使用该滤镜，可使图像分裂为若干小块，形成拼贴镂空效果。在参数设置对话框，在"未定义区域"栏的下拉列表框中可设置图块之间空白区域的颜色。

（2）**置换**：使用该滤镜，可在两个图像之间评估像素颜色的值，并根据置换图的值改变当前图像的效果。

（3）**偏移**：使用该滤镜，可按照指定的数值偏移整个图像，并按照指定的方法填充偏移后留下的空白区域。

以下3幅图依次为应用上述3种滤镜的效果。

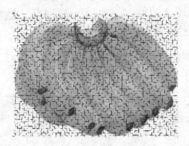  

（4）**像素**：使用该滤镜可将图像分割为正方形、矩形或者射线的单元。可以使用"正方形"或者"矩形"单选按钮创建夸张的数字化图像效果，或者使用"射线"单选按钮创建蜘蛛网效果。

（5）**龟纹**：该滤镜是通过为图像添加波纹产生变形效果。

（6）**漩涡**：使用该滤镜，可使图像按照指定的方向、角度和漩涡中心产生漩涡效果。

以下3幅图依次为为应用上述3种滤镜的效果。

 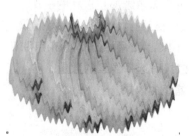 

（7）**平铺**：使用该滤镜，可将图像作为平铺块平铺在整个图像范围中，多用于制作纹理背景效果。

（8）**湿笔画**：使用该滤镜，可使图像产生一种类似于油画未干透，看起来颜料有种流动感的效果，在其参数设置对话框中，调整"湿润"选项的滑块可设置水滴颜色的深浅。当其数值为正数时，可产生浅色的水滴；当其数值为负值时，可产生深色的水滴。

（9）**涡流**：使用该滤镜，可为图像添加流动的涡旋图案。在其参数设置对话框中，在"样式"下拉列表框中可对其样式进行选择，可以使用预设的涡流样式，也可以自定义涡流样式。以下3幅图依次为应用上述3种滤镜的效果。

（10）**风吹效果**：使用该滤镜，可在图像上制作出物体被风吹动后形成的拉丝效果。调整"浓度"选项的滑块可设置风的强度。调整"不透明"选项的滑块可改变效果的不透明程度。应用该滤镜前后的对比效果如下图所示。

08 杂点

使用“杂点”滤镜组中的滤镜，可在位图图像中添加或去除杂点。滤镜中包含了“添加杂点”、“最大值”、“中值”、“最小值”、“去除龟纹”和“去除杂点”6种滤镜。下面将分别对其功能进行介绍，同时结合应用相应的滤镜后的图像进行效果展示。

（1）**添加杂点**：使用该滤镜，可为图像添加颗粒状的杂点，让图像呈现出做旧的效果。

（2）**最大值**：该滤镜根据位图最大值颜色附近的像素颜色值调整像素的颜色，以消除图像中的杂点。

（3）**中值**：该滤镜通过平均图像中像素的颜色值消除杂点和细节。在参数设置对话框中，调整“半径”选项的滑块可设置在使用这种效果时选择像素的数量。

以下3幅图依次为应用上述3种滤镜的效果。

（4）**最小**：该滤镜通过使图像像素变暗的方法消除杂点。在参数对话框中，调整“百分比”选项的滑块可设置效果的强度，调整“半径”选项的滑块可设置在使用这种效果时选择和评估的像素的数量，如下图所示分别为原图像和应用最小滤镜后的效果。

（5）**去除龟纹**：使用该滤镜，可去除在扫描的半色调图像中经常出现的图案杂点。在参数设置对话框中调整“数量”，如下左图为应用去除龟纹滤镜后的效果。

（6）**去除杂点**：使用该滤镜，可去除扫描或者抓取的视频录像中的杂点，使图像变柔和，这种效果通过比较相邻像素求并一个平均值，使图像变平滑，如下右图为应用去除杂点滤镜后的效果。

设计师训练营　设计美甲广告

　　下面将利用所学知识，练习制作一则美甲广告，该广告颜色采用粉色系，适用于美甲广告、女性美容广告、报纸通栏广告、杂志通栏广告等商业应用中。

Step 01 执行"文件>新建"命令，新建一个空白文件。

Step 02 使用"矩形工具"▢绘制矩形，在属性栏中设置尺寸为160mm×60mm，如下图所示。

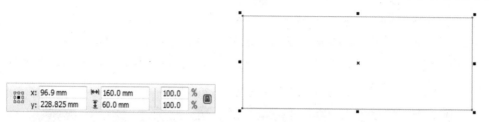

Step 03 按F12键，打开"轮廓笔"对话框，设置轮廓颜色（C0、M100、Y0、K0）、轮廓宽度为2mm，具体设置如下左图所示。

Step 04 单击"确定"按钮，应用后的效果如下右图所示。

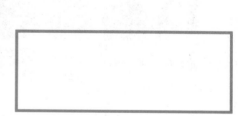

Step 05 按组合键Ctrl+I，导入图像素材。执行"效果>图框精确剪裁>置于图文框内部"，将素材置入到矩形框中。置入后的初始效果如下左图所示。

Step 06 单击下方第一个按钮"编辑PowerClip"，可进入到矩形框中，对置入的图像进行编辑。编辑后单击下方出现的"停止编辑内容"按钮可退出编辑，如下右图所示。

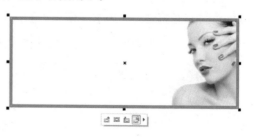

Step 07 执行"排列>将轮廓转换为对象"命令，将矩形框转换为可填充颜色的路径对象。按组合键 Ctrl+I，导入图像素材，放置于左侧位置，如下左图所示。

Step 08 按住Ctrl键，使用"矩形工具"□绘制四个正方形，如下右图所示。

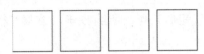

Step 09 按组合键Shift+F11，进行颜色填充，从左到右颜色依次为：（C0、M100、Y0、K0）、（C0、M60、Y100、K0）、（C100、M0、Y0、K0）、（C40、M0、Y100、K0），如下左图所示。

Step 10 使用右键单击工作区右侧调色板最上方的☒，去除轮廓线，如下右图所示。

Step 11 使用选择工具▣选择第一个正方形，在矩形工具属性栏中设置右上角的"圆角半径"。如果不能单独修改圆角半径，单击中间的小锁🔒图标，解锁后即可修改，如下左图所示。

Step 12 应用圆角半径后的效果如下右图所示。

Step 13 设置其他图形的圆角半径，如下左图所示。

Step 14 使用文本工具⯐输入文字，并填充白色，如下右图所示。

Step 15 按CapsLock键，激活大写输入，使用"文本工具"⯐输入字母，如下左图所示。

Step 16 版面效果如下右图所示。

Step 17 使用文本工具⯐在左下方输入文字，填充颜色（C0、M100、Y0、K0）。按F12键，设置轮廓宽度为0.5mm的白色描边，下方文字使用"形状工具"⯐拖动调节扩大字间距，如下左图所示。

Step 18 使用文本工具⯐输入文本信息，在属性栏中选择一种字体类型，如下右图所示。

Step 19 适当调整文字之间的大小关系，如下左图所示。

Step 20 按F12键，设置轮廓颜色（C0、M0、Y0、K10）、轮廓宽度2mm。按组合键Ctrl+Q，将文本转换为曲线，在属性栏中单击🗔按钮，将对象合并，如下右图所示。

Step 21 使用轮廓工具🖼为文字添加0.3mm的轮廓边，具体设置如下左图所示。

Step 22 添加轮廓后的效果如下右图所示。

Step 23 使用文本工具字输入下方的文字，版面效果如下左图所示。

Step 24 使用文本工具字输入文字，并填充颜色（C0、M100、Y0、K0）。按组合键Ctrl+K，打散文字，然后重新对大小进行排列，如下右图所示。

Step 25 按F12键，设置轮廓颜色（C0、M0、Y0、K10）、轮廓宽度1mm，如下左图所示。

Step 26 按+键，复制当前文本，然后将复制的文本轮廓和填充颜色都设置灰度（C0、M0、Y0、K70）。按向下方向键↓微移，制作出阴影效果，如下右图所示。

Step 27 使用文本工具字处理其他的文本，最终完成效果如下图所示。

课后练习

1. 选择题

（1）如果想实现下面的效果，可以使用（　　）滤镜。

    A. 球面
    B. 透视
    C. 卷面
    D. 三维旋转

（2）下面的效果图中，采用了下列哪种滤镜（　　）。

    A. 扭曲
    B. 透视
    C. 球面
    D. 三维旋转

2. 填空题

（1）如果想达到一种动态的效果，模仿拍摄运动物体的手法，通过使像素进行某一方向上的线性位移产生运动模糊效果，可以选择_____滤镜。

（2）使用_____滤镜可快速赋予图像三维的景深效果，从而调整其在视觉上的空间效果。

（3）如果想为一幅图片添加下雪的效果，可以使用_____滤镜。

3. 上机题

练习使用各类滤镜效果，如下右图所示为使用茶色玻璃滤镜的效果。

Chapter
09

输出图像

    作品设计完成之后，我们就可以将其进行打印或者进行发布。本章我们就来学习在CorelDRAW中如何将已经完成的作品进行打印输出、如何对图像进行优化处理以及如何将其发布为PDF文件等内容。

重点难点
- 打印输出的选项设置
- 图像的优化
- 发布为PDF文件

打印输出的选项设置

通过前面的学习，相信用户已经对如何在CorelDRAW中对图形图像进行编辑处理的操作有所掌握，而对这些经过调整处理后的图形图像进行打印输出则是完成整个设计的最后一个步骤。客观地说，这是一个相对重要的步骤，相关的打印设置直接决定着打印后图像最直观的视觉效果。下面就系统地对图形图像输出前应进行的这些设置进行介绍。

01 常规打印选项设置

CorelDRAW X6中的"打印"命令可用于设置打印的常规内容、颜色和布局等选项，设计内容包括打印范围、打印类型、图像状态和出血宽度等。

在保证页面中有图像内容的情况下，执行"文件>打印"命令，打开"打印"对话框，在其中可对常规、颜色以及布局等进行设置。打开"打印"对话框，默认情况下显示为"常规"选项卡，如右图所示。

知识链接 显示打印预览区域

单击"打印预览"按钮右侧的扩展按钮，可查看其实际打印效果。

02 布局设置

在调整完页面的大小后，还可对页面的版面进行调整，这里的版面是指软件中的布局。可在"打印"对话框中选择"布局"标签，显示出相应的选项卡，如右图所示。可在"将图像重新定位到"下拉列表框中选择相应的选项，也可在"版面布局"下拉列表中对版面进行设置。

03 颜色设置

在CorelDRAW X6中，可将图像按照印刷4色创建CMYK颜色分离的页面文档，并可以指定颜色分离的顺序，以便在出片时保证图像颜色的准确性。下面将对颜色设置的具体操作步骤进行介绍。

Step 01 执行"文件>打开"命令或按组合键Ctrl+O打开图形文件。

Step 02 执行"文件>打印"命令，打开"打印"对话框。单击"打印预览"按钮旁边的扩展按钮，从而在对话框右侧显示出打印预览图像，如下图所示。

Step 03 在"颜色"选项卡中选中"分色打印"单选按钮，此时可看到，右侧的预览图从彩色变为了黑白灰显示效果。

Step 04 此时还可看见"复合"选项卡转换为"分色"选项卡。单击"分色"标签，以切换到该选项卡中，取消勾选部分颜色复选框，对分色进行设置。完成后单击"应用"按钮，即可应用设置的分色参数。

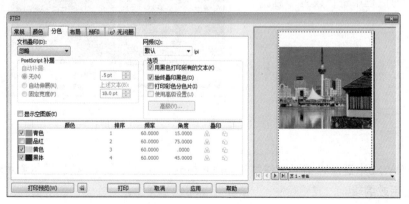

04 打印预览设置

要使用印刷机将需要印刷或出版的图形文件进行印刷，需将图形文件输出到胶片中。在Corel-DRAW中可以直接对其进设置，这也就是我们常说的预印设置，也就是输出到胶片过程中一个相关参数的设置环节。

预印设置的原理是通过对印刷图像镜像效果、页码是否添加等进行进一步的调整，从这些方面对图像真实的印刷效果进行控制，印刷出小样，以方便对图像的印刷效果进行预先设定。

Section 02 网络输出

在CorelDRAW中完成图像的编辑处理后，还可在输出图像前对图像进行适当的优化，并将图像文件输出网络的格式，以便上传到互联网上进行应用。同时，通过对图像的优化设置后，还可将图像文件发布为网络HTML格式或PDG格式等。在优化图像的同时，扩展图像的应用范围，同时也降低了内存的使用率，从而提高了网络应用的速度。

01 图像优化

优化图像是将图像文件的大小在不影响画质的基础上进行适当的压缩，从而提高图像在网络上的传输速度，便于访问者快速查看图像或下载文件。可在导出图像为HTML网页格式之前对其进行优化，以减少文件的大小，让文件的网络应用更加流畅。

优化图像的方法是，在CorelDRAW X6中打开图形文件，执行"文件＞导出到网页"命令，打开"导出到网页"对话框，从中可在"预设列表"、"格式"、"速度"等下拉列表框中设置相应的选项，从而调整图像的格式、颜色优化和传输速度等，如右图所示。完成后单击"另存为"按钮，在弹出的对话框中进行设置即可。

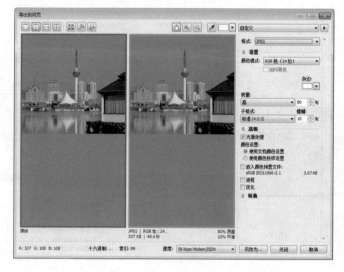

02 发布至PDF

在CorelDRAW X6中还能将图形文件发布为PDF格式，以便使用PDF格式进行演示或在其他图像处理软件中进行使用或编辑。

打印我的处女作

下面将利用前面所学习的知识，练习图像的打印操作。

Step 01 执行"文件>打开"命令，打开一图形文件，如下左图所示。

Step 02 随后执行"文件>打印"命令，打开"打印"对话框，如下右图所示。

Step 03 单击"打印预览"按钮旁边的扩展按钮，从而在对话框右侧显示出打印预览图像，然后单击"预印"标签，显示出相应的选项卡，如下图所示。

Step 04 在其中勾选"镜像"复选框，此时可对图像做镜像调整，在右侧预览图中可以看到调整后的效果。勾选"打印文件信息"复选框，从而激活其下的文本框，此时即可将这里显示的信息应用到文件打印设置中，如下图所示。

Step 05 如果文件为多页图像，此时还可勾选"打印页码"复选框，从而在右侧预览图像下方的下拉列表中可选择其他页码，此时即可在预览窗口中显示相应页面上的图像。完成相关设置后，单击"应用"按钮，即可应用设置。

课后练习

1. 选择题

（1）关于色彩管理器以下说法正确的有（　　）。

　　A. 是用来快速改变颜色模式的

　　B. 是用来管理色彩显示方式的

　　C. 是用来管理绘制所用色彩模式的

　　D. 用来管理色彩样式的

（2）在CorelDRAW中置入的图片，在旋转、镜像等操作后，打印输出会出现错误的是（　　）。

　　A. PSD　　　　　　　　　　　　B. TIF

　　C. JPG　　　　　　　　　　　　D. Bitmap

（3）下列标准属于等同采用国际标准的是（　　）。

　　A. ISO9001：2000　　　　　　　B. GB/T19001：2000

　　C. GB3502：1989　　　　　　　D. ISO90002：1994

（4）用于印刷的色彩模式是（　　）。

　　A. RGB　　　　　　　　　　　　B. CMYK

　　C. LAB　　　　　　　　　　　　D. 索引模式

2. 填空题

（1）凡是用于要求精确色彩逼真度的WEB或者桌面打印机的图像，一般都采用＿＿＿＿模式。

（2）自动跟踪功能可以将位图转化为＿＿＿＿。

（3）Lab 的三个分量各自代表＿＿＿＿、＿＿＿＿以及＿＿＿＿的颜色范围。

（4）CorelDRAW X6 中提供的全屏视图模式能够方便用户很快地对绘制的图形进行全屏观看，按＿＿＿＿键即可进行文件的全屏浏览。

（5）在制作稿件时，常会遇到"出血"线，那么出血的尺寸为＿＿＿＿。

3. 上机题

练习合并打印操作。

操作提示

执行"文件>合并打印>创建装入合并区域"命令，在对话框中进行设置，完成后在"合并打印"浮动面板中即可进行合并文件添加，参考图如下所示。

Chapter 10

文字设计案例解析

　　通过对前面理论知识的学习，相信大家已很好地掌握了CorelDRAW的基本操作，本章将综合利用前面所学的知识制作特效文字。由于作品中文字会起到画龙点睛的作用，因此文字设计的好坏直接影响着作品的品质。

重点难点
- 文字设计的创意
- 工具的综合应用
- 颜色的填充
- 文字的立体化处理

Section 01

设计科技金属字

本实例设计的是科技金属字，在整个制作过程中主要用到的工具包括：椭圆形工具、手绘工具、交互式阴影工具、交互式透明工具、文字工具、交互式立体化工具等。通过图形绘制工具绘制图形并为其添加混合透明度及混合阴影效果；然后使用文本工具创建主题文字并制作其立体化效果，以制作文字的金属质感。

Step 01 新建一个图形文件，双击矩形工具▣，并填充背景矩形从黑色（C100、M100、Y100、K100）到蓝色（C82、M35、Y0、K0）的辐射渐变颜色，如下左图所示。

Step 02 单击椭圆形工具◎，在画面左下角绘制一个蓝色（C100、M0、Y0、K0）椭圆形，如下右图所示。

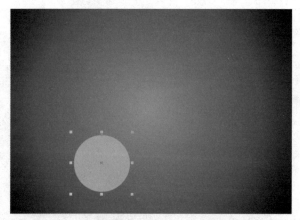

Step 03 单击交互式透明工具▣，对椭圆形应用相应的辐射透明效果，以调整其质感，如下左图所示。

Step 04 拖动椭圆至其右上角并同时单击右键以复制该椭圆，完成后缩小椭圆。然后使用交互式透明工具▣继续调整椭圆的透明效果，以增强其质感，如下右图所示。

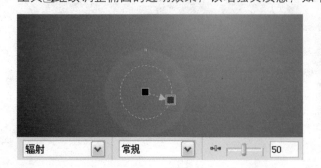
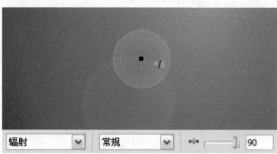

Step 05 继续按照同样的方法复制更多的椭圆并分别调整其大小、位置以及透明属性，以丰富画面中的图形质感，效果如下图所示。

 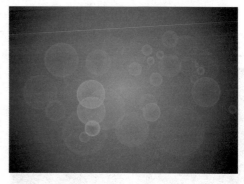

Step 06 单击矩形工具，在画面右上角绘制一个蓝色的（C100、M0、Y0、K0）矩形，并使用交互式透明工具为矩形应用辐射透明效果，如下图所示。

Step 07 继续使用矩形工具和贝塞尔工具在画面右上角区域绘制更多的图形并填充相应的颜色，然后按照同样的方法调整其透明效果，以丰富该区域的光影质感，如下图所示。

Step 08 单击手绘工具，绘制一个随意的曲线路径，然后按下F12键，在弹出的对话框中设置路径属性并单击"确定"按钮，以调整路径的效果，如右图所示。

Step 09 单击交互式阴影工具 🔲，为曲线路径添加相应的投影效果，并拖动投影至画面中心部分，以增强该区域的光影效果，如下左图所示。

Step 10 按下组合键Ctrl+K可拆分曲线路径及其投影，完成后删除曲线路径。然后继续按照同样的方法制作其他曲线路径的投影效果，以丰富画面，如下右图所示。

Step 11 单击手绘工具 🖉，在画面右上方绘制一个填充了任意颜色形状随意的图形，然后使用交互式阴影工具 🔲 为其添加相应属性的投影，并拖动投影至画面中相应位置，以增强该区域的蓝色光影效果，如下图所示。

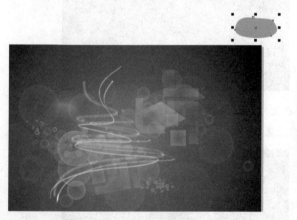

Step 12 继续绘制一个填充了颜色的图形并按照同样的方法为其添加投影，以调整画面中上方位置的光影效果，如下图所示。

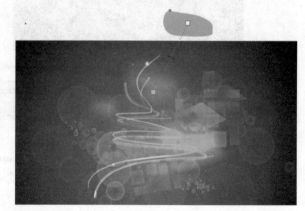

Step 13 使用椭圆形工具◎绘制一个填充了颜色的椭圆后，按照同样的方法为其添加相应的投影，并放置在曲线投影的左下角，增强其光影，如下图所示。

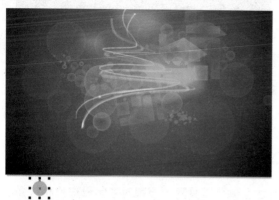 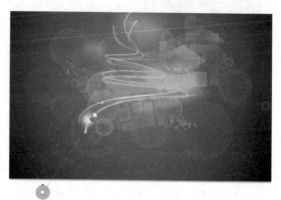

Step 14 按照同样的方法在画面中其他区域绘制图形并添加相应的投影效果，完成后拆分投影及其图形，增强画面的光影特效，如下左图所示。

Step 15 单击手绘工具◢，在画面左下端绘制一条白色路径，如下右图所示。

 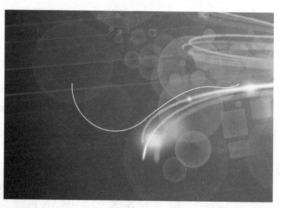

Step 16 按下F12键，在弹出的对话框中设置其属性并单击"确定"按钮，以调整路径的样式，如下图所示。

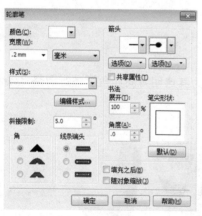 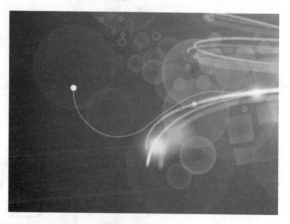

Step 17 单击交互式透明工具⬚，为路径应用相应的透明效果，以渐隐其右端路径，如下左图所示。

Step 18 继续使用手绘工具◢和椭圆形工具◎等绘制其他图形并按照同样的方法调整路径样式或添加投影效果，以完善画面的光影特效，如下右图所示。

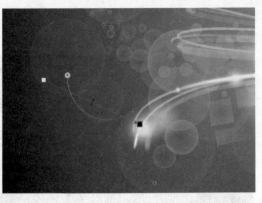 

Step 19 单击文本工具📝，创建字母DPL，并调整其颜色为20%灰色，如下左图所示。

Step 20 按下组合键Ctrl+K拆分文字，然后单击交互式立体化工具📦，分别对各字母应用相应角度的立体化效果，如下右图所示。

Step 21 在使用交互式立体化工具📦选择L字母立体文字的情况下，在其属性栏中单击"立体的方向"按钮📦，在弹出的面板中拖动立体模型以调整字母的透视角度，如下图所示。

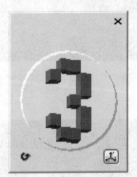 

Step 22 选择立体字母P，并继续使用交互式立体化工具📦为其透明方向和角度进行调整，以使其更有立体感，如下图所示。

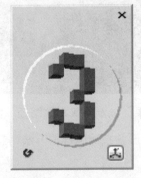 

Step 23 使用选择工具 稍微调整字母D的旋转角度后，按下组合键Ctrl+D拆分立体化图形，再按下组合键Ctrl+U取消其群组。然后选择字母D的正面部分，按下F11键，在弹出的对话框中设置从浅灰蓝色（C35、M11、Y8、K0）到白色到中灰蓝色（C73、M38、Y17、K0）再到淡蓝色（C18、M0、Y0、K0）的渐变颜色，并调整滑块，完成后单击"确定"按钮，以填充字母，如下图所示。

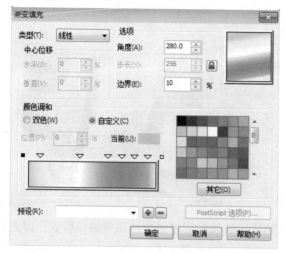

Step 24 选择字母D的内侧图形，并按照同样的方法设置其渐变颜色，应用为"圆锥"渐变样式，以调整该图形的光影质感效果，如下图所示。

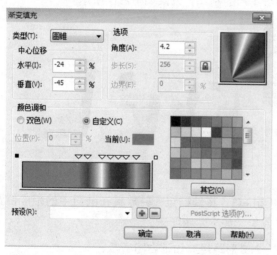

Step 25 按照同样的方法为字母D的外立面图形填充相应的渐变颜色并调整其颜色方向，以调整其光效质感，如下左图所示。然后单击贝塞尔工具 ，在字母D图形的相应位置绘制一个白色路径，如下右图所示。

Step 26 按下F12键，在弹出的对话框中设置各项参数并单击"确定"按钮，以渐隐路径上端的边缘效果，作为该区域的高光效果，如下图所示。

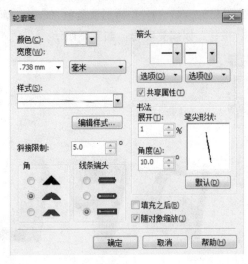 

Step 27 继续在刚才绘制的路径左下方绘制其他路径，并按照同样的方法调整路径样式，以完善该区域的高光效果，如下左图所示。

Step 28 按照同样的方法拆分其他立体化字母图形并分别填充其不同立面的渐变颜色，以调整其光效质感，完成后对其局部高光稍作调整，以完善字母图形的制作，效果如下右图所示。

Step 29 选择制作完成的字母图形并按下组合键Ctrl+G，将其群组，并放置在画面中的相应位置。然后复制其中一些光点并为文字图形局部添加光点效果，如下左图所示。

Step 30 单击贝塞尔工具，在画面左下角绘制一个弧形路径，如下右图所示。

Step 31 使用文本工具 ⬚ 单击路径左端的相应区域，并输入文字，以创建绕路径排放的文字，如下左图所示。

Step 32 按下组合键Ctrl+K拆分文字和路径并删除路径。然后按下F11键，在弹出的对话框中设置从浅灰蓝色（C31、M14、Y10、K0）到亮灰色（C11、M6、Y4、K0）再到蓝灰色（C65、M33、Y22、K0）的渐变颜色，并调整滑块（如下中图所示），完成后单击"确定"按钮，其效果如下右图所示。

 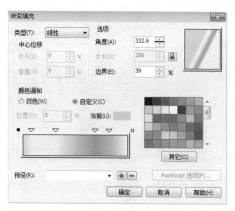 

Step 33 执行"效果>添加透视"命令，通过拖动透视锚点以调整文字的透视角度，如下左图所示。

Step 34 单击交互式立体化工具 ⬚ ，对文字进行立体化处理，如下右图所示。

Step 35 继续按照同样的方法在其他区域创建沿路径绕排的文字并调整其透视角度，然后添加其立体化效果，以丰富画面效果，如下图所示。至此，完成本实例的制作。

Section 02

设计商业立体字

本实例设计的是商业立体字。在整个设计过程中主要用到的工具包括交互式网状填充工具、椭圆形工具、文本工具、交互式阴影工具、交互式透明工具、交互式立体化工具等。通过绘制基本图形并添加其混合透明和混合阴影效果的方式制作背景效果，再对添加的文字制作立体化效果，以制作商业文字。

Step 01 新建一个图形文件并双击矩形工具 ▢，在画面中创建一个矩形，再为其填充白色。然后单击交互式网状填充工具 ▦，双击矩形相应区域以创建网格锚点，如下左图所示。

Step 02 选择位于画面中央的一个网格锚点并双击界面右下角的填充选项，为其填充颜色为裸色（C0、M31、Y32、K0），如下右图所示。

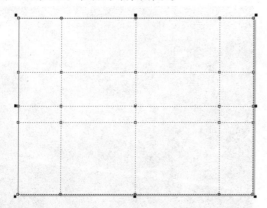
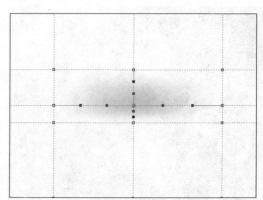

Step 03 继续选择相邻的网格锚点，并设置该锚点区域的颜色为淡粉紫色（C3、M30、Y0、K0），以融合颜色效果，如下左图所示。

Step 04 继续按照同样的方法选择网状图形中其他的网格锚点并设置相应的颜色，以调整画面颜色混合效果，作为背景，如下右图所示。

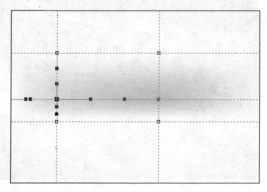

Step 05 单击椭圆形工具◎，绘制一个粉红色（C0、M80、Y40、K0）椭圆，如下左图所示。然后按住Shift键缩小椭圆至其中心，同时单击右键以复制椭圆，完成后设置该椭圆颜色为橙色（C0、M40、Y80、K0），如下右图所示。

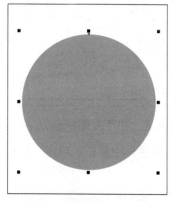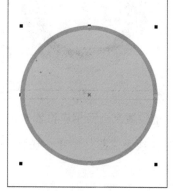

Step 06 继续按照同样的方法向中心复制椭圆，并分别设置其颜色为黄色（C0、M10、Y70、K0）和绿色（C50、M0、Y70、K0），如下图所示。

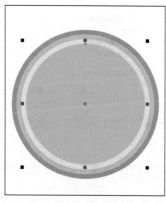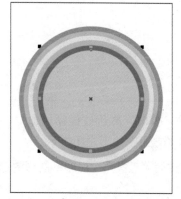

Step 07 继续按照同样的方法向中心复制椭圆，并分别设置其颜色为蓝色（C90、M60、Y0、K0）和任意灰色，如下左图所示。然后选择灰色椭圆，再按住Shift键选择蓝色椭圆，单击属性栏中的"修剪"按钮◎，以修剪蓝色椭圆，完成后继续修剪其他椭圆，以制作圆环，如下右图所示。

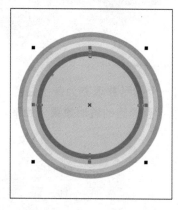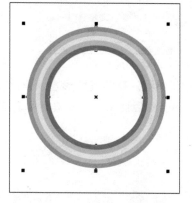

Step 08 选择被修剪的圆环并按下组合键Ctrl+G将其群组。然后单击矩形工具◎，在圆环下半部分绘制矩形，如下左图所示。然后按住Shift键选择圆环，并单击属性栏中的"修剪"按钮◎，以修剪圆环为彩虹，如下右图所示。

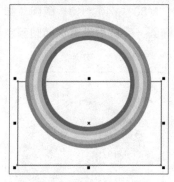 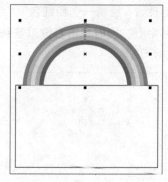

Step 09 调整彩虹图形的位置至画面相应位置并稍作旋转，如下左图所示。

Step 10 执行"位图＞转换为位图"命令，在弹出的对话框中单击"确定"按钮，以转换彩虹图形为位图，如下右图所示。

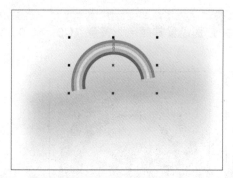 

Step 11 执行"位图＞模糊＞高斯式模糊"命令，在弹出的对话框中设置其参数并单击"确定"按钮，以调整彩虹的模糊效果，如下左图所示。

Step 12 单击交互式透明度工具，对彩虹图形的透明度稍作调整，如下右图所示。

Step 13 单击椭圆形工具，在彩虹图形左下角绘制一个图形并填充为灰土红色（C0、M40、Y20、K40），如下左图所示。然后使用交互式透明度工具调整椭圆的透明效果，如下右图所示。

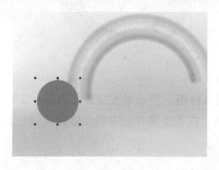 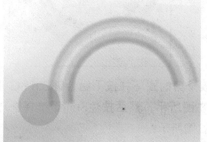

Step 14 继续使用椭圆形工具◎在画面中其他区域绘制更多的椭圆并填充为不同的颜色，再适当调整其透明效果，以丰富画面，如下左图所示。

Step 15 单击文本工具圉，创建一组相应的文字，并单独选择其中的个别文字，再调整其大小，如下右图所示。

Step 16 使用选择工具⬚选择创建的文字，分别对其进行旋转和倾斜处理，如下左图所示。

Step 17 为文字填充从蓝色（C80、M0、Y5、K20）到浅蓝色（C40、M0、Y5、K0）的渐变颜色，完成后按下组合键Ctrl+K拆分文字，如下右图所示。

Step 18 选择文字T并使用交互式立体化工具◎为其添加相应方向和角度的立体化效果，并在属性栏中单击"立体化倾斜"按钮◎，在弹出的面板中勾选"使用斜角修饰边"复选框，以为文字添加斜角边效果，如右图所示。

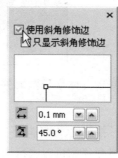
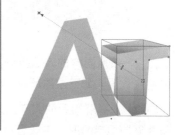

Step 19 使用交互式立体化工具◎分别选择其他字母并单击属性栏中的"复制立体化属性"按钮◎，再单击以及应用了立体化效果的文字图形，以应用同样的立体化效果，然后分别对其角度进行调整，如下图所示。

Step 20 选择立体化文字T并按下组合键Ctrl+K拆分立体图形，再按下组合键Ctrl+U取消群组，完成后删除其中的多余透明对象。然后选择字母正面图形并按下F11键，在弹出的对话框中设置从深蓝色（C100、M70、Y0、K20）到浅蓝色（C40、M0、Y5、K0）的渐变颜色并调整滑块，完成后单击"确定"按钮，以为字母填充正面图形的颜色，如下图所示。

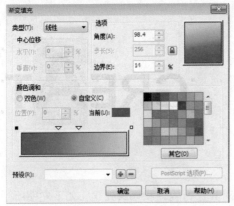

Step 21 按照同样的方法为字母T的其他立面图形填充颜色，以增强其色调层次，如下左图所示。

Step 22 选择字母T正面部分，按下+键以原地复制并粘贴文字正面。为其填充白色（如下中图所示），然后使用交互式透明度工具 对其应用线性透明处理，增强其质感，如下右图所示。

Step 23 按照同样的方法拆分其他立体字母图形并分别调整其颜色，完成后将其群组，放置在画面中的相应位置，如下左图所示。

Step 24 选择群组后的文字图形并按住Ctrl键向下拖动其顶端中间的锚点，再同时单击右键，以垂直镜像并复制文字图形，完成后对其角度和位置进行调整，以贴合文字底部，如下右图所示。

Step 25 执行"位图＞转换为位图"命令，将复制的文字图形转换为位图，再使用交互式透明度工具📏对其透明度进行调整，作为文字的倒影，如下图所示。

Step 26 使用椭圆形工具◯在画面相应位置绘制一个任意颜色的椭圆并稍作旋转，然后使用交互式阴影工具📏，为其添加相应的阴影效果并拖动阴影至文字G的底部，并多次按下组合键Ctrl＋PageDown向下调整其顺序，如下图所示。

Step 27 拆分阴影图形并删除椭圆，然后按照同样的方法为其他文字图形添加阴影效果，如下图所示。

Step 28 单击矩形工具▢，在画面中绘制一个20%灰色的矩形，如下左图所示。然后单击交互式立体化工具📏，为矩形添加相应状态的立体化效果，如下右图所示。

 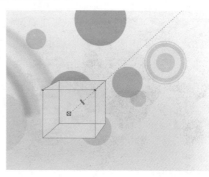

Step 29 在属性栏中单击"立体的方向"按钮📦，在弹出的面板中调整立体模型的方向以调整立体图形的方向，如右图所示。

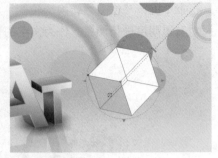

Step 30 按下组合键Ctrl+K拆分立体化图形并将其取消群组。然后选择立体图形底端的立面并按下F11键，在弹出的对话框中设置从红色（C5、M100、Y83、K0）到暗红色（C53、M100、Y85、K42）的渐变颜色并单击"确定"按钮，以填充立面图形，如下图所示。

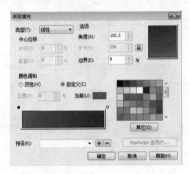

Step 31 继续按照同样的方法填充立体图形的其他立面颜色，如下左图所示。然后将立体图形进行群组并使用交互式阴影工具📦为其添加相应的投影效果，以增强其立体效果，如下右图所示。

Step 32 复制红色立体化图形并分别抬走其大小和位置，再调整其颜色，然后继续按照同样的方法制作其他立体图形，以丰富该区域图形元素，如下左图所示。

Step 33 分别对复制并调整后的立体图形以及其他制作的立体图形添加投影效果，增强其层次，如下右图所示。

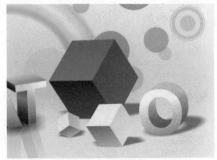

Step 34 单击文本工具🖹，在画面右下角添加相应的文字，以完善画面，如右图所示。至此就完成了本案例的制作。

Section 03 设计食尚美食字

本实例制作的是食物宣传文字，在整个设计过程中主要使用的工具包括：艺术笔工具、交互式阴影工具、交互式轮廓图工具、文本工具、图框精确裁剪等。通过手绘艺术笔触的方式制作主题文字轮廓，并结合交互式轮廓图工具等增强文字图形的效果。

Step 01 新建一个图形文件后双击矩形工具🔲，填充其颜色为棕褐色（C0、M60、Y60、K40），如下左图所示。然后导入底纹.cdr文件，并对其应用"图框精确裁剪"命令，将其放置在矩形中，如下右图所示。

Step 02 使用艺术笔工具🖊在画面顶端绘制相应宽度的文字图形，并填充其颜色为黄色（C2、M3、Y92、K0），如下左图所示。

Step 03 继续使用艺术笔工具🖊在黄色的文字图形边缘绘制一些相应形状的橙色（C0、M40、Y99、K0）笔触，如下右图所示。

Step 04 选择所绘制的橙色笔触图形并执行"效果>图框精确裁剪>放置在容器中"命令，将笔触图形放置在黄色文字图形内。然后使用交互式轮廓图工具 为文字图形添加同样橙色的轮廓图效果，如下左图所示。

Step 05 继续使用艺术笔工具 在文字图形左端的相应位置绘制两条同样橙色的线条，如下右图所示。

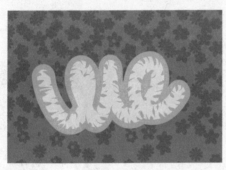 

Step 06 使用贝塞尔工具 在两个线条中间绘制一个淡黄色（C0、M0、Y20、K0）图形，如下左图所示。

Step 07 单击交互式透明度工具 ，对淡黄色图形的透明度进行调整，以使其过渡自然，如下右图所示。

 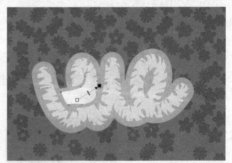

Step 08 继续使用艺术笔工具 在文字图形上绘制一些白色的高光点，以增强其质感，如下左图所示。

Step 09 将绘制完成的文字图形群组后单击交互式阴影工具 ，为其添加投影效果，如下右图所示。

 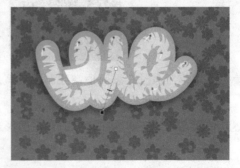

Step 10 按照同样的方法绘制其他文字图形，如下左图所示。

Step 11 导入"小狗图案.cdr"文件，分别调整小狗图案和花朵图形的大小和位置，以丰富画面效果，如下右图所示。

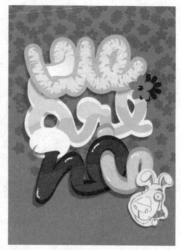

Step 12 使用文本工具圉在画面相应位置创建文字，并分别调整其颜色和角度，如下左图所示。

Step 13 单击交互式轮廓图工具圖，为文字添加褐色（C53、M98、Y100、K37）轮廓图效果，如下右图所示。

Step 14 继续在画面顶端创建相应的文字后按照同样方法为其添加轮廓图效果，如下图所示。至此，本实例制作完成。

Section 04

设计媒体艺术字

本实例设计的是媒体艺术字，在整个制作过程中主要用到的工具包括：文本工具、贝塞尔工具、交互式立体化工具、交互式阴影工具等。通过使用文本工具创建文字或使用贝塞尔工具等绘制文字轮廓，并为其添加立体效果，调整其颜色和光影，以制作丰富的媒体艺术字效果。

Step 01 在CorelDRAW X6中执行"文件>新建"命令，在弹出的对话框中设置其参数并单击"确定"按钮，新建一个图形文件，如右1图所示。然后使用文本工具 字 在画面中创建一个字母，如右2图所示。

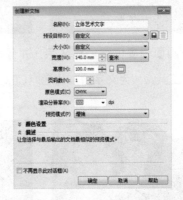
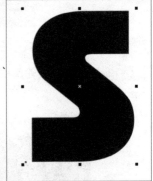

Step 02 按下F11键，在弹出的对话框中设置从玫红色（C20、M100、Y47、K0）到黄色（C0、M14、Y74、K0）的辐射渐变颜色，并调整其颜色滑块，如右1图所示。完成后单击"确定"按钮，填充文字的渐变颜色，如右2图所示。

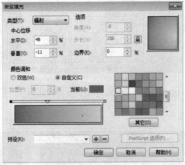

Step 03 单击交互式立体化工具 ，对文字添加立体化效果，如右1图所示。然后在属性栏中设置立体化颜色为递减的颜色并调整颜色参数，如右2图所示。

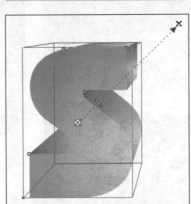
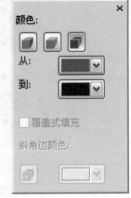

Step 04 按下组合键Ctrl+K拆分立体化文字，再按下组合键Ctrl+U取消立体图形的群组，如下左图所示。然后使用选择工具  分别框选文字不同面的图形并单击"焊接"按钮 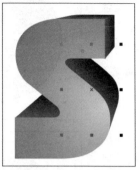，将其焊接，如下右图所示。

Step 05 选择文字图形相应的侧面立体图形并按下F11键，在弹出的对话框中设置从深红色（C44、M100、Y100、K15）到红色（C13、M100、Y75、K0）到蓝色（C60、M0、Y20、K0）再到紫色（C20、M80、Y0、K20）的渐变颜色，如下左图所示，完成后单击"确定"按钮，添加该图形的颜色，如下右图所示。

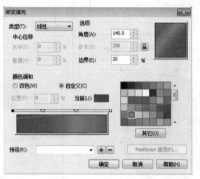
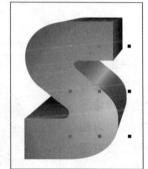

Step 06 选择文字顶端的立体图形，并按照同样的方法对其填充从淡蓝色（C40、M0、Y0、K0）到白色的渐变颜色，如右图所示。

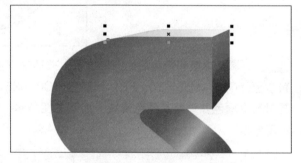

Step 07 选择主体文字，并按下F12键，在弹出的对话框中设置其轮廓颜色为淡黄色（C0、M0、Y20、K0），并设置其轮廓宽度和书法状态，然后单击"确定"按钮，以调整文字轮廓样式，如下图所示。

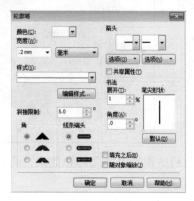

Step 08 单击椭圆形工具◎，按住Ctrl键绘制一个任意颜色的正圆形，如右1图所示。然后按住Shift键并使用选择工具◎缩小该圆形至其中心，在缩小的同时单击右键，以复制该圆形，如右2图所示。

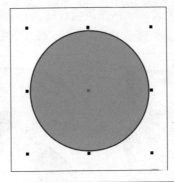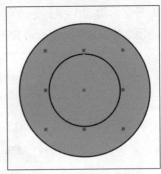

Step 09 单击矩形工具◻，沿椭圆的半圆部分绘制一个矩形，再使用选择工具◻选择该矩形和较大的圆形，并单击属性栏中的"修剪"按钮◻，以修剪圆形，如右图所示。

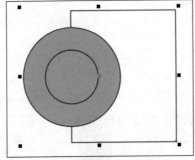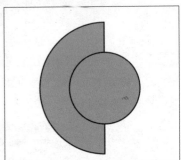

Step 10 复制调整后的半圆和较小的圆形，选择指定的图形并分别通过单击属性栏中的"焊接"按钮◻及"修剪"按钮◻，对图形进行焊接和修剪调整，如右图所示。

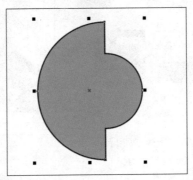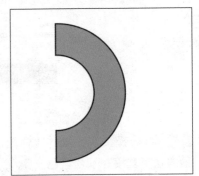

Step 11 调整焊接和修剪后的图形位置，并选择焊接后的图形，按下F11键，在弹出的对话框中设置从粉紫色（C14、M56、Y0、K0）到红色（C0、M81、Y38、K0）再到黄色（C0、M14、Y74、K0）的辐射渐变颜色并调整其颜色滑块，如下左图所示。完成后单击"确定"按钮，以填充图形颜色，如下右图所示。

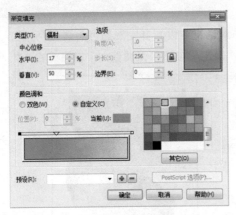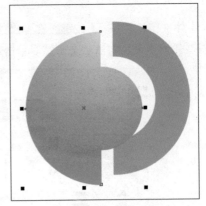

Step 12 单击交互式立体化工具◻，并对填充颜色后的图形添加立体化效果，再在属性栏中设置其立体化颜色，如下图所示。

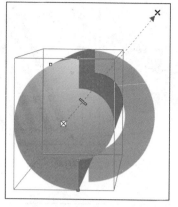

Step 13 按照同样的方法将立体化图形拆分并分别按不同立面的图形进行焊接，完成后为其填充颜色效果，如右1图所示。然后使用椭圆形工具◎在图形中绘制一个相应大小的正圆，如右2图所示。

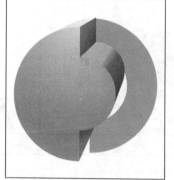
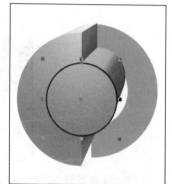

Step 14 按下F12键，在弹出的对话框中设置圆形同样的轮廓颜色和样式并单击"确定"按钮，如右1图所示。然后使用交互式透明度工具▣对其进行渐变透明调整，如右2图所示。

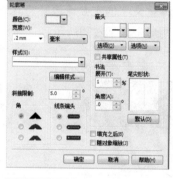
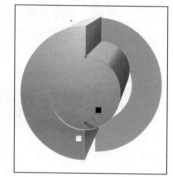

Step 15 继续添加其他颜色和透明效果的椭圆轮廓后，使用贝塞尔工具▣在圆形下方相应位置绘制一个阴影状图形并填充其颜色为暗红色（C51、M100、Y100、K38），如右1图所示。然后按照同样的方法制作旁边灰色的图形立体效果和颜色，如右2图所示。

Step 16 继续使用文本工具▣创建其他立体文字并分别调整文字立体化效果和渐变填充颜色以及其轮廓样式等，以丰富立体化文字的制作，如下左图所示。

Step 17 单击矩形工具▣，在画面中绘制一个矩形条，并对其进行旋转。完成后复制多个条状矩形并将其焊接，如下右图所示。

Step 18 单击交互式阴影工具 🔲，对焊接后的矩形条添加红色的阴影并设置其属性和参数，并调整阴影至立体文字右端，如下图所示。

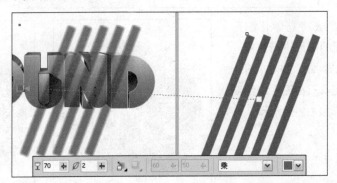

Step 19 按照同样的方法制作其他效果的阴影后，按下组合键Ctrl+K以拆分阴影，如下左图所示。

Step 20 复制之前所制作的立体化文字的主要轮廓并将其焊接，然后使用矩形工具 🔲 绘制矩形并在文字底端添加一个淡紫色的矩形阴影，如下右图所示。

Step 21 使用选择工具 🔲 旋转添加的各阴影图形，并执行"效果>图框精确裁剪>置于图文框内部"命令，将阴影图形放置在文字轮廓中，以隐藏多余的图形区域，为文字添加丰富的效果，如下左图所示。

Step 22 双击矩形工具 🔲，以画布尺寸添加一个背景矩形，并填充从淡蓝色（C27、M0、Y6、K0）到淡黄色（C0、M0、Y12、K0）再到白色的辐射渐变颜色。然后结合使用椭圆形工具 🔲 和交互式阴影工具 🔲 等按照同样的方法添加阴影效果，以制作光点，如下右图所示。至此，本实例制作完成。

Chapter

11

广告设计案例解析

上一章介绍了文字效果的设计，这一章我们将对CorelDRAW
另一重要应用进行介绍，即广告的设计。在这个信息社会中，广
告的身影无处不在，因此，本章将以广告的设计为例进行讲解，
以帮助设计者了解和熟悉广告的设计流程及制作要点。

重点难点
- 广告的设计思路
- 广告特效的设计
- 绘图工具的综合应用
- 文本工具的应用

Section 01 服饰展示广告

　　本实例设计的是一则服饰展示广告。在整个设计过程中主要用到的工具包括：矩形工具、贝塞尔工具、网状填充工具、交互式阴影工具、交互式立体化工具、图框精确裁剪等。通过绘制基本图形并制作立体文字制作画面图形效果；通过添加人物位图的方式添加画面主体元素，以制作服饰广告。

Step 01　新建一个图形文件并双击矩形工具□，填充其颜色为黄色（C5、M19、Y63、K0），然后使用网状填充工具▦在其中指定区域双击，以添加网格锚点，如下左图所示。

Step 02　选择网格中指定的锚点，并双击界面右下角的填充选项，设置该锚点区域的颜色为深棕色（C38、M77、Y100、K3），如下右图所示。

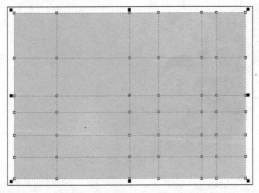
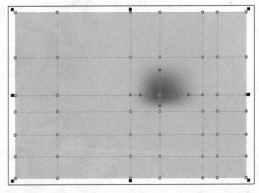

Step 03　继续按照同样的方法分别选择网状图形中的其他锚点并设置其颜色，以调整矩形中不同的混合颜色效果，如下左图所示。

Step 04　按下组合键Ctrl+I，导入"人物.png"文件，并适当调整人物的大小和位置，如下右图所示。

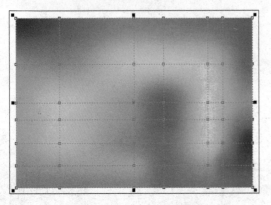

Step 05 单击形状工具💁，框选人物位图底端的两个锚点，并向上拖动锚点，以隐藏多余的人物图像区域，如下左图所示。

Step 06 单击艺术笔工具💁，在画面相应位置绘制一个艺术笔触，并设置其笔触属性，如下右图所示。

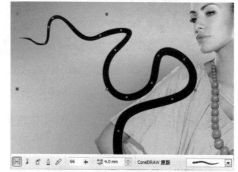

Step 07 设置所绘制的笔触颜色为从褐色（C53、M71、Y100、K18）到橙色（C0、M40、Y80、K0）的渐变颜色，如下左图所示。

Step 08 继续在刚才所绘制的笔触样式旁绘制其他笔触，然后填充从橙色（C9、M44、Y82、K0）到深棕色（C27、M76、Y100、K16）再到黑色的渐变颜色，如下右图所示。

Step 09 继续使用艺术笔工具💁绘制较大的笔触效果并向下调整其顺序，再填充从淡黄色（C0、M0、Y40、K0）到土黄色（C0、M40、Y60、K20）的渐变颜色，如下左图所示。

Step 10 在淡黄色图形相应位置绘制一个笔触图形后，填充从红色（C18、M100、Y100、K0）到橙色（C0、M56、Y92、K0）再到红色（C18、M100、Y100、K0）的渐变颜色，如下中、右图所示。

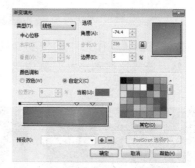

Step 11 继续按照同样的方法在淡黄色图形中的相应位置绘制其他笔触图形，并填充为同样的红色渐变颜色，如下左图所示。

Step 12 选择所有红色渐变图形并执行"效果>图框精确裁剪>置于图文框内部"命令，将图形放置在淡黄色轮廓图形中，如下右图所示。

Step 13 接着单击交互式阴影工具 ，为图形添加投影效果，如下左图所示。

Step 14 继续在画面左上角绘制一个图形，并填充其颜色为淡黄色（C0、M20、Y40、K0），如下右图所示。

Step 15 使用艺术笔工具 在淡黄色图形相应位置绘制一个笔触图形后，填充从棕灰色（C48、M56、Y53、K0）到浅棕灰色（C13、M20、Y22、K0）再到棕灰色（C51、M56、Y65、K2）的渐变颜色，如下图所示。

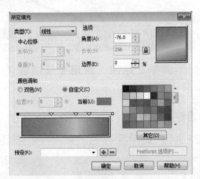 

Step 16 继续按照同样的方法在淡黄色图形中的相应位置绘制其他笔触图形，并填充为同样的灰色渐变颜色，如下左图所示。然后选择这些图形并对其应用"图框精确裁剪"命令，将其放置在淡黄色容器内，如下右图所示。

Step 17 单击交互式阴影工具，为淡黄色图形添加相应的投影效果，如下左图所示。

Step 18 单击矩形工具，在画面左端相应位置绘制一个矩形，如下右图所示。

Step 19 选择淡黄色图形并对其应用"图框精确裁剪"命令，将其放置在矩形中，完成后去除该矩形的轮廓，如下左图所示。

Step 20 单击文本工具，创建淡黄色（C0、M20、Y40、K0）的文字，并按下组合键Ctrl+K打散文字，然后使用选择工具分别调整各字母的角度和位置，如下右图所示。

Step 21 单击交互式立体化工具，分别对各字母应用不同的立体化效果，如下左图所示。

Step 22 选择立体化文字S并按下组合键Ctrl+K拆分该立体文字，再选择其立面图形并按下组合键Ctrl+U取消其群组，如下右图所示。

Step 23 使用选择工具选择立面图形中透明的多余图形并将其删除，再分别选择各不同立面区域的图形并单击属性栏中的"焊接"按钮，以焊接不同立面的图形，如下左图所示。

Step 24 选择文字正面图形，并按下F11键，在弹出的对话框中设置从橙色（C7、M37、Y99、K0）到淡黄色（C0、M0、Y60、K0）的渐变颜色，完成后单击"确定"按钮，如下中图、右图所示。

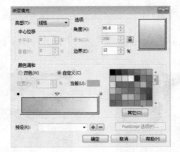

Step 25 选择文字立体图形的相应立面区域，并按下F11键，在弹出的对话框中设置从棕色（C29、M70、Y95、K2）到橙色（C0、M32、Y77、K0）再到褐色（C58、M84、Y100、K44）的渐变颜色，完成后单击"确定"按钮，如下图所示。

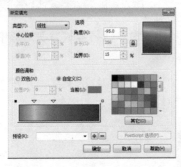

Step 26 按照同样的方法设置文字不同立面的图形颜色，以增强文字的立体化效果，如下左图所示。然后群组立体化文字S并使用交互式阴影工具 为其添加相应的投影效果，如下右图所示。

Step 27 继续按照同样的方法拆分其他立体化文字图形并分别调整其立面图形的颜色等属性，以完善文字图形的制作效果，如下左图所示。

Step 28 继续按照同样的方法在画面中其他区域绘制不同的图形，并分别调整其颜色和位置，以丰富画面效果，如下右图所示。

Step 29 单击贝塞尔工具，在画面右上角绘制一个图形并填充其颜色为橙色（C0、M36、Y100、K0），如右1图所示。然后使用文本工具在该图形中分别创建红色（C0、M100、Y100、K0）和黑色的文字，以增强其效果，如右2图所示。

Step 30 使用贝塞尔工具在画面上方绘制一个较大的图形并填充为任意颜色。然后单击交互式阴影工具，为图形添加相应的阴影，并拖动阴影至画面中心部分，以调整该区域的色调，如右图所示。

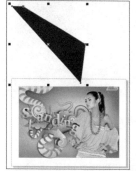
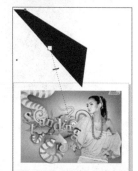

Step 31 按下组合键Ctrl+K，拆分阴影图形，并删除之前所绘制的矢量图形，如右图所示。至此，本实例制作完成。

Section 02

糖果杂志广告

本实例设计的是一则糖果杂志广告。在整个设计过程中，主要用到的工具包括：矩形工具、网状填充工具、交互式阴影工具等。通过使用位图人物并绘制巧克力色调的图形元素，调整画面暖色调，以制作糖果诱人的效果。

Step 01 新建一个图形文件并双击矩形工具 ▣，填充其颜色为黄色（C3、M7、Y59、K0）后，使用网状填充工具 ▦ 在其中添加网格锚点并调整各锚点颜色，以制作背景，如下左图所示。

Step 02 打开"儿童.png"文件，将其复制并粘贴至当前图形文件，适当调整其大小和位置等效果，如下右图所示。

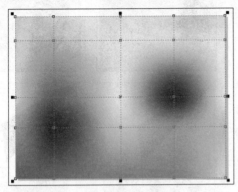

Step 03 使用贝塞尔工具 ▧ 在画面右上角绘制一个心形，并填充从红色（C20、M80、Y0、K20）到橘黄色（C0、M40、Y40、K0）的渐变颜色，如下左图所示。

Step 04 继续使用贝塞尔工具 ▧ 在心形中绘制一个花朵图形，并填充其颜色为褐色，如下右图所示。

Step 05 使用椭圆形工具 ▣ 在花朵中绘制一个椭圆并填充其相应的渐变颜色。然后使用交互式阴影工具 ▣ 为椭圆添加阴影，如下左图所示。

Step 06 使用贝塞尔工具 ▧ 在花朵右方绘制一个任意颜色的图形，再使用交互式阴影工具 ▣ 为花朵的相应区域添加混合投影效果，如下右图所示。

Step 07 拆分阴影并继续为其他花瓣添加阴影效果，如下左图所示。

Step 08 继续按照同样的方法绘制其他巧克力色调的图形，以丰富画面效果，如下右图所示。

Step 09 复制之前绘制的花朵图形并适当调整其大小和位置，以丰富画面，如下左图所示。

Step 10 使用贝塞尔工具在画面顶端绘制一个深褐色气泡对话框图形，并使用艺术笔工具在其中绘制一些图形和文字，以丰富其效果，如下右图所示。

Step 11 单击交互式阴影工具，为深褐色气泡对话框添加阴影效果，如下左图所示。

Step 12 打开"橙子.cdr"文件，将其复制并粘贴至当前图形文件中，再适当调整其大小和位置等效果，如下右图所示。

Step 13 复制该图形并将其缩小以丰富画面效果，再使用交互式阴影工具添加投影效果，如下图所示。至此，本实例制作完成。

啤酒杂志广告

本实例设计的是啤酒杂志广告。在整个设计过程中主要用到的工具包括：贝塞尔工具、交互式阴影工具、油漆桶工具、文本工具、图框精确裁剪等。在这则广告中，以啤酒瓶为基本元素，通过在画面中绘制图形元素的方式制作画面时尚活跃的氛围效果。

Step 01 新建一个图形文件后，打开"啤酒瓶.cdr"文件，将其复制并粘贴至当前图形文件中，再调整其位置和角度。然后使用交互式阴影工具 为其添加投影，如右图所示。

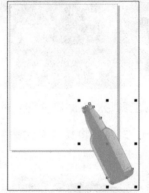
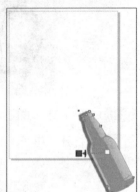

Step 02 单击贝塞尔工具 ，在画面中绘制一些红色（C0、M100、Y60、K0）的图形并将其焊接，如右1图所示。然后复制图形并调整其大小和位置，设置其颜色为橙色（C4、M38、Y83、K0）如右2图所示。

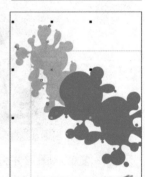

Step 03 复制多个图形并分别调整其大小和颜色等属性，如右1图所示。然后继续使用贝塞尔工具 在画面顶端绘制一个深红色（C16、M100、Y86、K0）图形，如右2图所示。

Step 04 单击椭圆形工具◯，在刚才绘制的深红色图形中绘制一些不同大小的粉红色（C0、M80、Y40、K0）和淡粉色（C0、M20、Y20、K0）的椭圆，如下图所示。

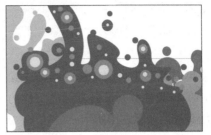

Step 05 继续使用椭圆形工具◯在画面相应位置绘制一个椭圆，并按下 F11 键，在弹出的对话框中设置从橘黄色（C0、M20、Y100、K0）到淡黄色（C0、M0、Y60、K0）的辐射渐变颜色，完成后单击"确定"按钮，以填充椭圆，如下图所示。

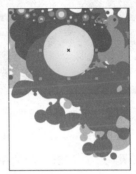

Step 06 单击贝塞尔工具，在椭圆左端绘制一个三角形，如下左图所示。再按住Shift键并使用选择工具选择椭圆，然后单击属性栏中的"修剪"按钮，以修剪椭圆，如下右图所示。

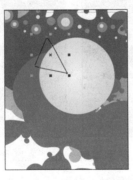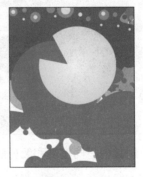

Step 07 继续使用贝塞尔工具沿椭圆缺口处绘制一个尖角路径，并按下F12键，在弹出的对话框中设置路径样式，调整其颜色为橙色（C0、M60、Y60、K0），完成后单击"确定"按钮，如下图所示。

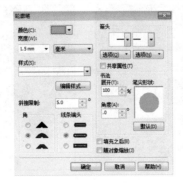

Step 08 单击椭圆形工具 ，在残缺的椭圆中绘
制一个白色椭圆，如右1图所示。然后继续在其
中绘制一个椭圆并填充从深紫色（C20、M100、
Y0、K40）到紫色（C30、M100、Y0、K0）的渐
变颜色，如右2图所示。

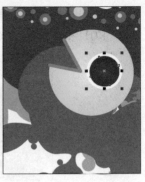

Step 09 继续使用椭圆形工具 ◎ 在紫色椭圆中绘
制其他不同大小的椭圆并分别设置其颜色，作为
卡通图形的眼睛高光，如下左图所示。

Step 10 复制绘制完成的卡通图形并适当调整其大小、位置和旋转角度，完成后分别对其颜色进行调
整，以丰富画面图形效果，如下右图所示。

Step 11 单击贝塞尔工具 ，在画面相应位置绘制一个弯曲的手臂图形并填充其颜色为蓝绿色（C71、
M0、Y48、K0），如下左图所示。

Step 12 单击艺术笔工具 ，在手部图形的手腕处绘制相应宽度的艺术笔轮廓，并设置其颜色为橘黄
色（C0、M20、Y100、K20），如下右图所示。

Step 13 按照同样的方法绘制其他不同宽度和颜色的艺术笔触，如下左图所示。

Step 14 继续使用椭圆形工具 ◎ 在手部绘制一些椭圆后对手臂图形进行群组，然后向下调整其顺序，
如下中图、右图所示。

Step 15 复制手臂图形并将其放置在画面右端相应位置，再单击"水平镜像"按钮以镜像图形，如右1图所示。然后更改手臂图形的颜色为红色（C0、M100、Y60、K0）到橘黄色（C0、M20、Y100、K0）的渐变颜色，如右2图所示。

Step 16 单击贝塞尔工具，在相应位置绘制一个图形，并按下F11键，在弹出的对话框中设置从深紫色（C60、M80、Y0、K20）到淡粉色（C0、M40、Y0、K0）的辐射渐变颜色，完成后单击"确定"按钮，以填充图形颜色，如右图所示。

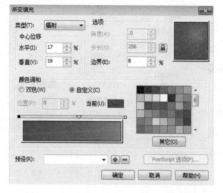

Step 17 复制紫色图形并适当调整其大小和位置，然后更改其颜色为从深蓝绿色（C84、M33、Y41、K0）到淡绿色（C40、M0、Y40、K0）的辐射渐变颜色，如右图所示。

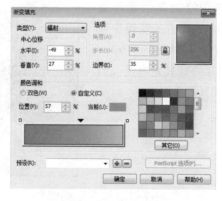

Step 18 按照同样的方法绘制其他图形元素并适当调整其位置，以丰富画面效果，如右1图所示。然后使用手绘工具绘制一个花瓣状图形，如右2图所示。

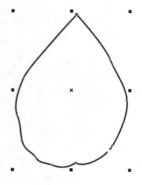

Step 19 按下F11键，在弹出的对话框中设置从深棕色（C42、M99、Y98、K4）到橙色（C0、M60、Y100、K0）再到深棕色的渐变颜色，完成后单击"确定"按钮，以填充花瓣颜色，如右图所示。

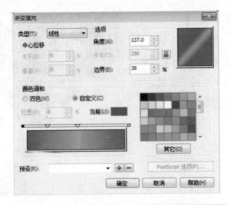

Step 20 继续使用手绘工具 在相应位置绘制其他花瓣图形，然后按下F11键，在弹出的对话框中设置从白色到橘黄色（C0、M20、Y100、K0）再到深棕色（C35、M95、Y98、K2）的渐变颜色，完成后单击"确定"按钮，以填充花瓣颜色，如右图所示。

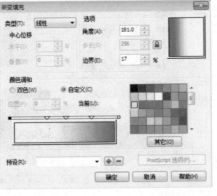

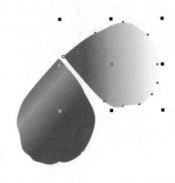

Step 21 继续按照同样的方法绘制其他花瓣图形，然后单击贝塞尔工具 在相应的花瓣中绘制图形，并填充从赭石色（C14、M80、Y99、K0）到黑色的渐变颜色，然后去除其轮廓线，如右图所示。

Step 22 复制所绘制的深色图形至其他花瓣区域并分别调整其大小、角度和颜色，然后使用形状工具 稍微调整其形状，如下左图所示。

Step 23 继续按照同样的方法绘制花朵的花蕊部分，如下右图所示。

Step 24 单击手绘工具 ![icon]，在花朵上方绘制一个不同大小的随意图形，并分别填充其颜色为白色等，以丰富花朵区域的效果，如下左图所示。

Step 25 将绘制完成的花朵图形群组后放置在画面中相应位置，然后单击交互式阴影工具 ![icon]，为花朵图形添加相应方向的投影效果，如下右图所示。

Step 26 复制花朵图形并分别调整其大小和颜色，放置在其他区域，如右1图所示。然后按照同样的方法绘制画面中的其他图形元素，以丰富画面效果，如右2图所示。

Step 27 使用选择工具 ![icon]框选画面中除酒瓶以外的所有图形，并按下组合键Ctrl+G，将其群组。然后使用交互式阴影工具 ![icon]为其添加相应的投影效果，如下左图所示。

Step 28 双击矩形工具 ![icon]，在画面中自动创建一个矩形，并为其填充从深褐色（C54、M100、Y100、K44）到橙色（C5、M35、Y100、K0）的辐射渐变颜色，如下右图所示。

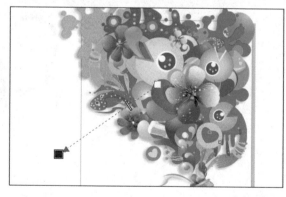 

Step 29 使用艺术笔工具 ![icon]在酒瓶位置绘制一个笔触并填充从黑色到红色（C0、M100、Y100、K0）的渐变颜色，如下左图所示。

Step 30 单击贝塞尔工具 ![icon]，在画面中酒瓶相应位置绘制一些淡黄色（C6、M7、Y40、K0）的云朵图形并向下调整其顺序，然后使用交互式透明度工具 ![icon]调整其透明度，如下右图所示。

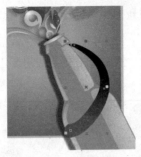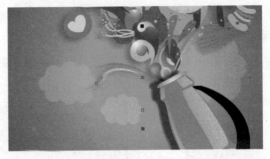

Step 31 选择除背景矩形外的所有图形并执行 "效果 > 图框精确裁剪 > 置于图文框内部" 命令，放置所有图形至背景矩形中，如下左图所示。然后使用文本工具 🖹 创建相应的文字并做调整，以完善画面效果，如下右图所示。至此，本实例制作完成。

Section 04 化妆品宣传广告

　　本实例设计的是女性化妆品广告。在整个设计过程中，主要用到的知识包括：贝塞尔工具、交互式阴影工具、交互式透明度工具等。该广告的画面以清新的蓝色调为主，通过添加位图人物和矢量花纹等方式进行制作。

Step 01 新建一个图形文件后双击矩形工具 ▢，在画面中创建一个矩形并填充从蓝色（C90、M20、Y0、K0）到淡蓝色（C28、M0、Y8、K0）的渐变颜色，如下图所示。

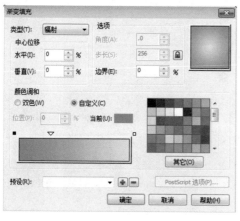

Step 02 单击贝塞尔工具<img>，在画面中相应位置绘制一个图形并填充其颜色为淡蓝色（C25、M0、Y0、K0），如右1图所示。然后单击交互式透明度工具<img>，调整其顶端的线性透明效果，如右2图所示。

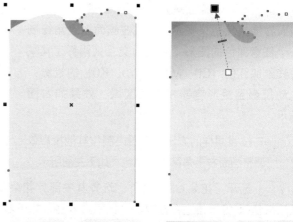

Step 03 继续使用贝塞尔工具<img>在画面左端相应位置绘制一个蓝色（C75、M0、Y0、K0）波纹状图形，如右1图所示。然后使用交互式透明度工具<img>调整其线性透明效果，如右2图所示。

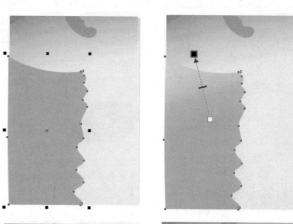

Step 04 继续在相应位置绘制其他波纹图形并填充其颜色为蓝色（C65、M0、Y0、K0），如右1图所示。然后按照同样的方法调整其透明效果，如右2图所示。

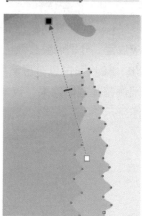

01 02 03 04 05 06 07 08 09 10 Chapter 11 12

Step 05 继续按照同样的方法在画面中绘制其他波纹图形并调整其颜色和透明度，以丰富图形效果，如右1图所示。然后选择这些波纹图形并执行"效果>图框精确裁剪>置于图文框内部"命令，将其放置在背景矩形中，如右2图所示。

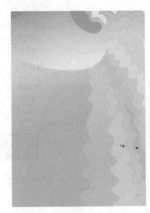

Step 06 选择矩形容器并按住Ctrl键单击矩形，进入容器。使用贝塞尔工具在画面左上角绘制一个任意颜色的图形，再使用交互式阴影工具为其添加红色（C0、M100、Y0、K0）的投影，拖动投影至矩形容器左上角区域，效果如右图所示。

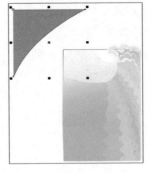
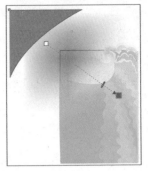

Step 07 按照同样的方法在容器内制作其他投影效果，以调整画面右上角区域的颜色，如下左图所示。

Step 08 打开"花朵.cdr"文件，选择其中部分花朵图形后复制到当前图形文件中，放置在画面底端。然后按住Ctrl键单击空白部分以退出矩形容器，如下右图所示。

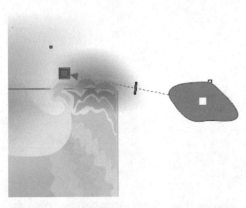
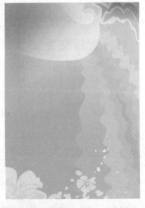
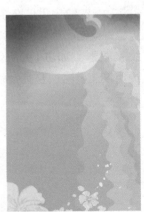

Step 09 继续复制其他花朵图形并放置在画面相应位置，分别调整其颜色为粉紫色（C10、M15、Y0、K0）和白色，再使用交互式透明度工具分别调整其透明效果，以丰富画面图形元素，如右图所示。

Step 10 按下组合键Ctrl+I，导入 "人物1.png"、和 "人物2.png" 文件，并分别调整其大小和位置，如右图所示。

Step 11 单击手绘工具 ，在画面右上方绘制一个填充了任意颜色的图形，再使用交互式阴影工具 为其添加相应的投影效果，调整投影至指定人物的下层，以增强其层次，效果如下图所示。

Step 12 继续绘制一个其他形状的图形并为其添加投影，调整投影至较小人物图像的下层，以增强其层次，如下图所示。

Step 13 单击手绘工具 ，在画面相应位置绘制一个花瓣图形，填充其颜色为红色（C0、M100、Y56、K0）、轮廓色为褐色（C31、M93、Y100、K51）。然后使用交互式透明度工具 稍微调整其透明度，效果如右图所示。

Step 14 继续绘制其他的花瓣图形并调整其透明度，以丰富花朵效果，如右1图所示。然后继续使用手绘工具 绘制其他其他轮廓图形，设置其颜色为褐色（C0、M78、Y100、K83），以丰富花朵效果，如右2图所示。

Step 15 继续复制花朵图形并调整其大小和位置，将其放置在人物周围，以丰富该区域效果，如右图所示。

Step 16 继续打开"化妆品.cdr"素材文件，并将其放置在当前画面的相应位置，如右1图所示。然后使用文本工具 添加相应文字以完善画面，如右2图所示。至此，完成本实例的制作。

Section 05 运动健身宣传海报

本实例设计的是专业运动场馆的宣传海报。在整个案例的设计过程中，主要用到的工具包括矩形工具、颜料桶工具、交互式阴影工具、交互式透明度工具等。通过绘制蓝色背景图形并添加多彩的符号元素进行对比衬托，然后制作人物剪影图形以突出画面主题。

Step 01 新建一个图形文件后，双击矩形工具▢并填充从黑色到蓝色（C100、M35、Y2、K10）再到蓝绿色（C60、M0、Y20、K0）的辐射渐变颜色，如下图所示。

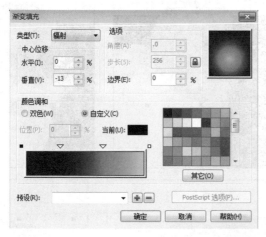

Step 02 使用贝塞尔工具▦在画面顶端绘制一个淡黄色（C0、M0、Y60、K0）云朵图形，如右1图所示。然后使用交互式轮廓图工具▣为云朵图形添加两个向内的轮廓图并将其拆分，再分别调整其颜色和大小，如右2图所示。

Step 03 继续使用贝塞尔工具▦在相应位置绘制一个红色（C0、M100、Y60、K0）箭头图形，如右1图所示。然后使用交互式轮廓图工具▣为其添加向内的轮廓图，如右2图所示。

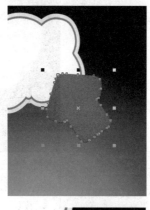

Step 04 拆分箭头轮廓图形并分别调整其颜色和大小，如右1图所示。然后群组箭头图形并使用交互式阴影工具▣为其添加投影效果，如右2图所示。

Step 05 单击贝塞尔工具 ，在云朵图形左上角绘制一个红色（C0、M100、Y60、K0）图形，如右1图所示。然后继续在其中绘制一个淡橙色（C0、M33、Y60、K0）图形，如右2图所示。

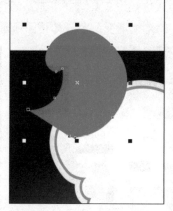 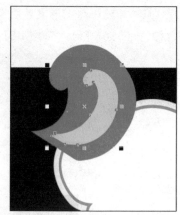

Step 06 选择红色和淡橙色图形并向下调整其顺序，如右1图所示。然后按下+键，将其复制并原位粘贴，再单击属性栏中的"水平镜像"按钮 并将图形稍作旋转，如右2图所示。

 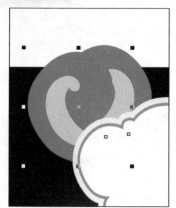

Step 07 更改复制的图形颜色分别为淡蓝色（C60、M0、Y20、K0）和淡黄色（C20、M0、Y60、K0），如右1图所示。然后使用交互式阴影工具 分别对淡蓝色图形和云朵状图形添加投影效果，如右2图所示。

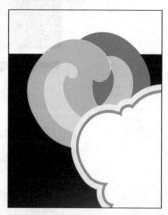 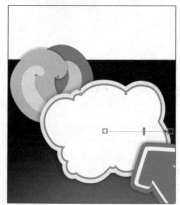

Step 08 继续按照同样的方法在画面中绘制更多其他颜色的图形并为其添加投影，如右1图所示。然后使用星形工具 绘制星形并调整其填充色和轮廓色，以丰富画面元素，如右2图所示。

218 CorelDRAW X6从入门到精通（铂金精粹版）

Step 09 使用选择工具 框选除背景矩形以外的所有图形，并执行"效果>图框精确裁剪>置于图文框内部"命令，将图形放置在蓝色矩形中，隐藏多余图形，如右图所示。

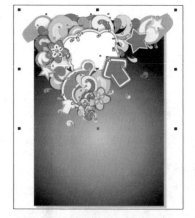

Step 10 单击椭圆形工具 ，在画面中绘制一些不同大小的白色椭圆，然后框选这些椭圆并单击属性栏中的"焊接"按钮 ，将其焊接，如右图所示。

Step 11 单击交互式透明度工具 ，为焊接后的椭圆图形的透明度稍作调整，如右1图所示。然后复制焊接后的椭圆并继续调整其透明度，以增强该区域质感，如右2图所示。

Step 12 按下组合键Ctrl+I，导入"滑冰剪影.cdr"文件，填充其颜色为白色并适当调整其位置，如右1图所示。然后使用交互式透明度工具 为图形调整辐射状透明效果，如右2图所示。

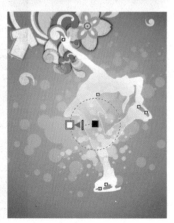

Step 13 单击交互式阴影工具[图]，为人物剪影添加蓝色（C100、M100、Y0、K0）投影效果，以增强其质感，如下左图所示。

Step 14 单击文本工具[图]，在画面顶端的白色云朵图形中创建蓝色（C60、M40、Y0、K0）的文字，如下右图所示。

Step 15 继续在画面底端相应位置创建其他的白色文字，以完善画面文字效果，如下左图所示。

Step 16 单击矩形工具[图]，在画面左上角绘制一个蓝色（C60、M40、Y0、K0）矩形，如下右图所示。

Step 17 单击交互式透明度工具[图]，调整其线性透明效果，以加深画面左上角，增强画面层次，如下左图所示。至此，完成本案例的制作，整体效果如下右图所示。

Chapter 12

网页设计案例解析

随着网络技术的不断发展，人们已不知不觉地进入了信息时代，因此网站网页的设计就成为商家厂家首选的宣传方式。网页的制作通常根据设计主体的性质和要求而定，不同的网站主体通常采用不同的布局形式，以展现设计主体的内涵和品质。

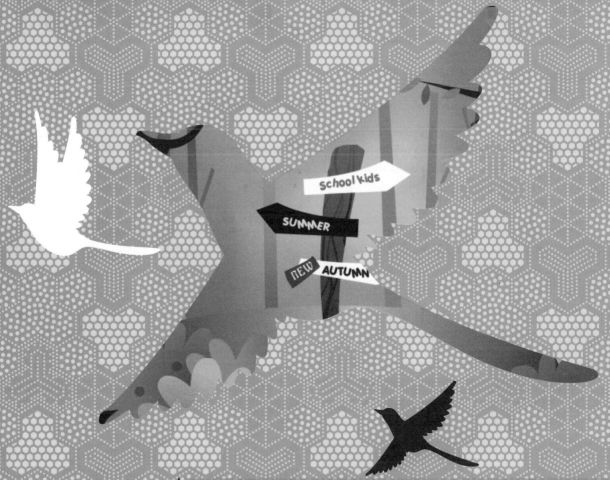

重点难点

- 网页的设计原则
- 工具的综合应用
- 网页颜色的搭配
- 文本信息的设置

Section 01 设计儿童教育网页

本实例设计的是儿童教育网页，在整个设计过程中主要用到的工具包括：贝塞尔工具、手绘工具、油漆桶工具、交互式透明度工具、文本工具等。通过使用交互式网状填充工具填充指定区域颜色的方式制作树林背景，并绘制其他如蓝天和树木等图形以增强其清新的色调效果。

Step 01 新建一个图形文件，使用矩形工具▢在画面顶端绘制一个矩形，并填充从蓝色（C0、M100、Y0、K0）到淡蓝色（C20、M0、Y0、K0）的渐变颜色，如下左图所示。

Step 02 使用手绘工具🖊在蓝色矩形顶端绘制一个随意的椭圆，填充其颜色为白色，如下中图所示。然后使用交互式透明度工具🖺对其透明度进行调整，如下右图所示。

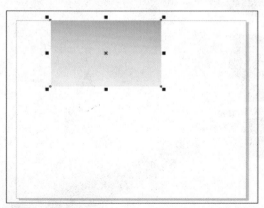 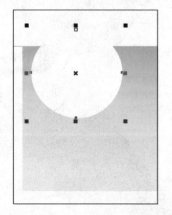 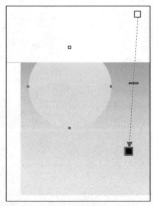

Step 03 继续使用手绘工具🖊在白色椭圆内绘制一个较小的椭圆，并按照同样的方法调整其透明效果，如下左图所示。然后按照同样的方法制作其他的图形，如下右图所示。

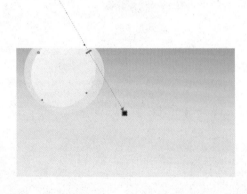 

Step 04 继续使用手绘工具 ![icon] 在矩形相应位置绘制白色的云朵图形，然后绘制云朵的阴影，并填充其颜色为淡蓝色（C31、M0、Y4、K0），如下左图所示。

Step 05 继续使用手绘工具 ![icon] 在画面中绘制一个较大的随意图形，并填充其颜色为浅绿色（C34、M3、Y88、K0），然后单击网状填充工具 ![icon]，在图形中双击指定区域以添加网格锚点，如下右图所示。

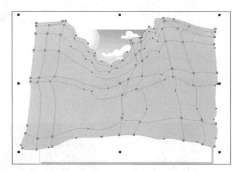

Step 06 分别选择网状图形中不同的锚点，并双击界面右下角的填充选项，以设置不同的锚点区域颜色，丰富图形的混合颜色效果，如下左图所示。

Step 07 双击矩形工具 ![icon]，沿页面大小自动创建一个矩形，然后选择除该矩形外的所有图形，并执行"效果 > 图框精确裁剪 > 置于图文框内部"命令，将所有图形放置在该矩形中，如下右图所示。

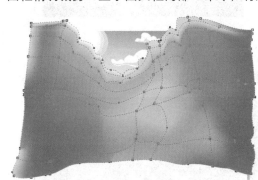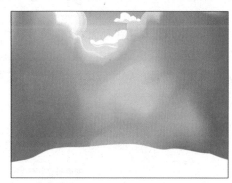

Step 08 单击贝塞尔工具 ![icon]，在画面右端绘制一个树干状的图形，并填充其颜色为（C87、M68、Y100、K58），如下左图所示。然后单击交互式透明度工具 ![icon]，调整树干图形的线性透明效果，如下右图所示。

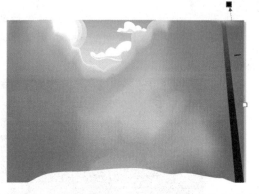

Step 09 继续按照同样的方法绘制其他树干图形，并分别调整其透明效果，以制作近处和远处的不同树干图形，如下图所示。

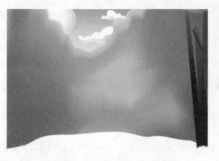 

Step 10 继续按照同样的方法在画面其他区域绘制树干等图形，以丰富画面，效果如下左图所示。

Step 11 继续使用贝塞尔工具 在画面底端绘制一个坡状图形，并填充从黑色到浅绿色（C41、M0、Y80、K0）的辐射渐变颜色，如下右图所示。

Step 12 使用贝塞尔工具 在画面左端绘制一个草丛图形，并向下调整其顺序。然后按下F11键，在弹出的对话框中设置从绿色（C66、M0、Y73、K0）到暗绿色（C100、M76、Y73、K53）的辐射渐变颜色，再稍微调整其滑块，完成后单击"确定"按钮，以为草丛填充颜色，如下图所示。

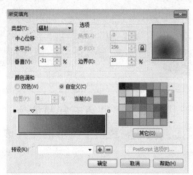 

Step 13 继续在草丛中绘制花朵图形并填充从白色到灰蓝色（C83、M55、Y47、K2）的辐射渐变颜色，再复制花朵图形，如下左图所示。然后使用交互式透明度工具 稍微调整花朵的透明效果，如下右图所示。

Step 14 按照同样的方法绘制其他草丛后通过应用"图框精确裁剪"命令隐藏草丛边缘多余部分。然后继续按照同样的方法绘制其他图形以丰富画面效果，如下左图所示。

Step 15 按照之前同样的方法通过应用"图框精确裁剪"命令将多余的图形隐藏，以调整画面整体效果，如下右图所示。

Step 16 继续在画面中间的相应位置绘制指示牌图形，然后使用文本工具字在指示牌中创建相应的文字，以完善画面效果，如下图所示。至此，完成本实例的制作。

Section 02 设计旅游类网页

本实例设计的是旅游类网页，在整个案例的设计过程中主要用到的工具包括：矩形工具、贝塞尔工具、交互式阴影工具、图框精确裁剪、文本工具等。本实例通过绘制背景和主体中心页面图形等进行制作，再添加素材图形以丰富画面效果。

Step 01 新建一个图形文件并双击矩形工具▢，创建一个矩形，然后填充从棕灰色（C47、M45、Y57、K0）到浅灰色（C28、M25、Y31、K0）的辐射渐变颜色，如下左图所示。

Step 02 单击2点线工具 ✎，在画面顶端绘制一条线段，并设置其轮廓色为棕灰色（C47、M51、Y62、K0）。然后向下拖动线段至一定距离，同时单击右键以复制该线段，如下右图所示。

 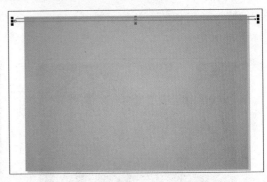

Step 03 多次按下组合键Ctrl+D，以同样的方向和距离再制多个线段路径，以填满整个画面区域，如下左图所示。

Step 04 选择所有线段路径并执行"效果＞图框精确裁剪＞置于图文框内部"命令，将线段放置在矩形容器内，如下右图所示。

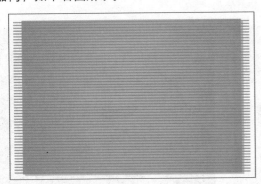 

Step 05 打开"物件.cdr"文件，将其复制并粘贴至当前图形文件中，并分别调整其大小和位置。然后使用交互式阴影工具 ▣ 为部分对象添加投影效果，如下左图所示。

Step 06 选择所有物件并执行"效果＞图框精确裁剪＞置于图文框内部"命令，将物件对象放置在背景矩形内，如下右图所示。

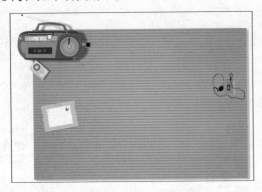 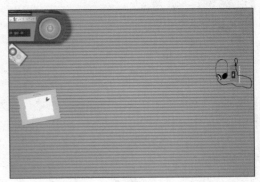

Step 07 继续打开"叶子.cdr"文件，复制叶子图形并放置在画面中的不同区域，并分别调整其大小等属性。完成后按照同样的方法将其置于背景矩形容器内，以丰富画面效果，如下左图所示。

Step 08 单击矩形工具 ▢，在画面右端绘制一个黑色矩形并稍作旋转，完成后使用形状工具 ▣ 调整其边角为圆角矩形效果，如下中图所示。然后使用交互式透明度工具 ▣ 调整矩形的透明度，如下右所示。

Step 09 复制圆角矩形并稍微将其缩小，再取消其透明效果并将其填充为白色，如下左图所示。然后继续使用矩形工具▣在圆角矩形内绘制一个矩形并进行旋转，填充其颜色为20%灰色、轮廓色为40%灰色，如下右图所示。

Step 10 按下组合键Ctrl+I，导入"照片1.jpg"文件，适当调整图像大小并进行旋转，然后将其置于灰色矩形容器内，如下左图所示。继续在其左上角绘制一个红色（C0、M97、Y0、K0）矩形并调整其透明度，作为胶布，如下右图所示。

Step 11 继续按照同样的方法在画面的左下角制作照片图形，如下左图所示。然后单击椭圆形工具◎，在相应位置绘制一个白色椭圆，如下右图所示。

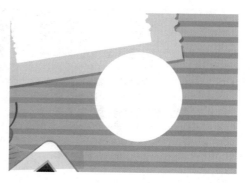

Step 12 按住Shift键一定程度上缩小椭圆至其中心，并填充其颜色为淡黄色（C4、M2、Y44、K0），如下左图所示。然后继续使用椭圆形工具 ◯ 在淡黄色椭圆上端绘制两个较小的黑色椭圆，作为表情的眼珠，如下右图所示。

Step 13 使用贝塞尔工具 ◁ 在椭圆内绘制嘴巴路径，如下左图所示。然后群组表情图形并使用交互式阴影工具 ◻ 添加表情图形的阴影，如下右图所示。

Step 14 继续按照同样的方法在画面中其他区域绘制更多的图形元素，以丰富画面的图形效果，如下图所示。

Step 15 单击贝塞尔工具 ◁，在画面中间绘制一个纸张图形，然后按下F11键，在弹出的对话框中设置从米灰色（C8、M16、Y25、K0）到棕灰色（C27、M42、Y65、K0）的渐变颜色，以调整纸张右上角的较暗色调效果，完成后单击"确定"按钮，如下图所示。

Step 16 单击交互式阴影工具🔲，为纸张添加相应的投影效果，如下左图所示。然后单击贝塞尔工具🔲，在纸张右上角绘制一个翻页图形，如下右图所示。

 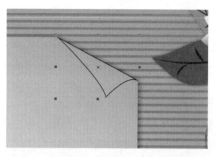

Step 17 按下F11键，在弹出的对话框中设置从米灰色（C2、M9、Y16、K0）到棕灰色（C38、M48、Y51、K0）的渐变颜色，并调整其滑块，如下左图所示，完成后单击"确定"按钮，效果如下右图所示。

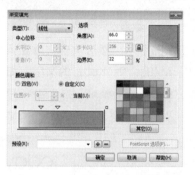 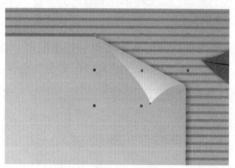

Step 18 使用贝塞尔工具🔲绘制一个填充了任意颜色的图形，然后单击交互式阴影工具🔲，为其添加相应的阴影效果，为翻页区域添加投影，并调整投影的图层顺序，如下图所示。

 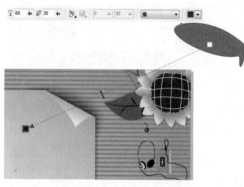

Step 19 单击矩形工具🔲，在画面右端绘制一个淡黄色（C0、M0、Y20、K0）矩形，再使用形状工具🔲调整其边角以制作圆角矩形效果，完成后向下调整其顺序，如下左图所示。然后继续在该矩形右端绘制一个橘黄色（C0、M20、Y100、K0）矩形，如下右图所示。

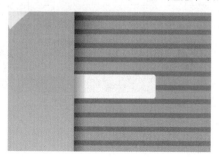 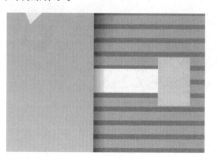

Step 20 选择橘黄色矩形并执行"效果＞图框精确裁剪＞置于图文框内部"命令，将橘黄色矩形放置在淡黄色矩形内，如下左图所示。然后单击交互式阴影工具█，为矩形添加相应的投影效果，如下右图所示。

Step 21 继续按照同样的方法制作其他书签条图形，如下左图所示。然后单击文本工具█，在书签图形中创建褐色（C57、M79、Y100、K37）和灰紫色（C0、M40、Y0、K60）的文字，如下右图所示。

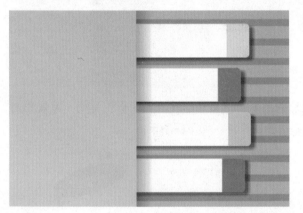 

Step 22 打开"矢量人物.cdr"文件，将其复制并粘贴至当前图形文件中以后调整该图形区域的效果，如下左图所示。然后使用文本工具█在纸页中创建相应的文字以完善画面效果，如下右图所示。至此，完成本案例的制作。

Section 03 设计摄影类网页

本案例设计的是摄影类网页，在整个案例的设计过程中主要用到的工具包括：贝塞尔工具、椭圆形工具、交互式阴影工具、文本工具、图框精确裁剪等。通过绘制图形元素并添加位图图像制作画面主体效果。

Step 01 新建一个图形文件，并双击矩形工具 ，在画面中创建一个矩形再填充从粉紫色（C7、M62、Y5、K0）到淡粉色（C0、M13、Y0、K0）的辐射渐变颜色。然后使用贝塞尔工具 在其中绘制一些白色云朵，如下左图所示。

Step 02 使用椭圆形工具 在画面左下角分别绘制两个椭圆形，并填充为灰蓝绿色（C53、M0、Y20、K31）和淡绿色（C33、M0、Y33、K5），效果如下右图所示。

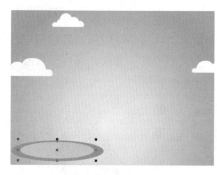

Step 03 使用贝塞尔工具 在椭圆上绘制深灰色（C0、M0、Y20、K80）的树干和树枝图形，如下左图所示。然后使用椭圆形工具 在树干相应部分绘制红色（C0、M100、Y60、K0）的圆形，如下右图所示。

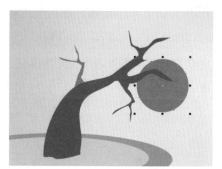

Step 04 继续按照同样的方法绘制其他树枝图形以及不同颜色的椭圆形，以丰富该区域的图形效果，如下左图所示。

Step 05 使用椭圆形工具◎在画面右端绘制一个较大的白色圆形。然后继续按照同样的方法在其中及周围部分绘制更多不同大小和颜色的椭圆，以丰富该区域，如下右图所示。

Step 06 单击矩形工具▢，绘制红色的（C0、M100、Y60、K0）矩形条并对其进行旋转，然后向右拖动该矩形条并单击右键以复制该矩形条，如下左图所示。然后多次按下组合键Ctrl+D再制更多的矩形条，如下右图所示。

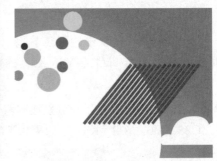

Step 07 使用椭圆形工具◎在矩形条上方绘制一个椭圆，完成后选择所有矩形条并执行"效果＞图框精确裁剪＞置于图文框内部"命令，将矩形条放置在椭圆内，如下图所示。

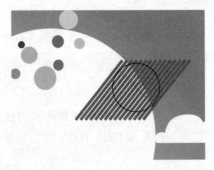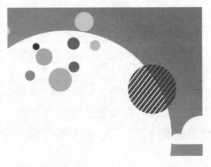

Step 08 继续按照同样的方法在其他区域制作白色的图框裁剪图形，如下左图所示。

Step 09 在最大的白色椭圆内绘制一个淡粉色（C0、M20、Y30、K0）椭圆，如下右图所示。

Step 10 使用矩形工具█在其上半部分绘制一个矩形，并对其进行旋转，如下左图所示。

Step 11 在选择矩形的情况下按住Shift键单击淡粉色椭圆，再单击属性栏中的"修剪"按钮█，以修剪椭圆，如下右图所示。

Step 12 继续在该区域绘制其他不同颜色和不同大小的椭圆，如下左图所示。

Step 13 按照之前同样的方法制作条状图框精确裁剪图形效果，如下右图所示。

Step 14 按组合键Ctrl+I，导入图片1~图片5.jpg文件，并分别调整图片的大小和旋转角度，如下左图所示。

Step 15 选择所在半圆图形上绘制的图形以及位图图像，并执行"效果>图框精确裁剪>置于图文框内部"命令，将这些对象放置在半圆图形内，如下右图所示。

Step 16 单击交互式阴影工具█，为半圆图形添加相应的投影效果，如下左图所示。

Step 17 单击文本工具█，在画面左下角的小树图形上方创建相应的白色文字，如下右图所示。

Step 18 单击交互式轮廓图工具📷，为其添加红色（C0、M100、Y60、K0）的轮廓，如下左图所示。

Step 19 继续在文字中及其周围绘制其他椭圆，以丰富该区域的效果，如下右图所示。

Step 20 继续使用文本工具📝在画面中的不同区域创建其他文字，以完善画面效果，如下图所示。至此，完成本案例的制作。

Section 04 设计汽车类网页

本案例设计的是汽车网页效果。在整个案例的设计过程中，主要用到的工具包括：贝塞尔工具、交互式网状填充工具、交互式透明工具、矩形工具、文本工具等。通过使用网状填充的方式制作背景效果，再添加主体图像并绘制装饰元素以丰富画面，制作视觉冲击较强的网页效果。

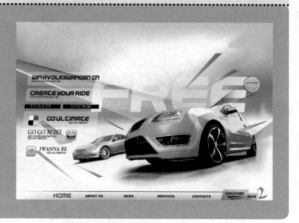

Step 01 新建一个图形文件，并双击矩形工具📐，创建一个矩形并填充为白色。然后单击网状填充工具📏，在矩形中分别双击各区域以添加锚点，并设置这些锚点的颜色，以制作背景效果，如下左图所示。

Step 02 按下组合键Ctrl+I，导入"汽车1.png"和"汽车2.png"文件，并分别调整其大小和位置，如下右图所示。

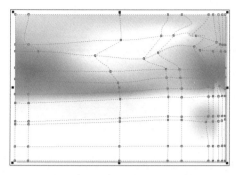 

Step 03 使用贝塞尔工具 在画面中绘制一些不同颜色的图形，并使用交互式透明度工具 调整其混合透明效果，以丰富画面颜色效果，如下左图所示。

Step 04 使用矩形工具 在画面左端绘制一些矩形条并调整其透明度，再添加相应的文字效果，完成后调整其倾斜度，如下右图所示。至此，完成本实例的制作。

Section 05 设计女性用品网页

本实例设计的是Olive品牌用品的网页。在整个案例的制作过程中，主要用到的工具包括：贝塞尔工具、油漆桶工具、交互式阴影工具、文本工具等。通过绘制图形并调整填充颜色的方式制作背景基本效果；再添加人物位图、主题图形并排版文字的方式制作女性用品网页效果。

Step 01 新建一个图形文件，双击矩形工具 ，以创建一个矩形，然后填充从深灰褐色（C64、M64、Y89、K24）到米黄色（C5、M7、Y17、K0）再到棕灰色（C36、M38、Y67、K0）的渐变颜色，如下左图所示。

Step 02 单击2点线工具 ，在画面中绘制两条倾斜的线段并将其错开放置，设置其颜色分别为淡黄色（C6、M16、Y32、K0）和棕黄色（C24、M34、Y53、K0），如下右图所示。

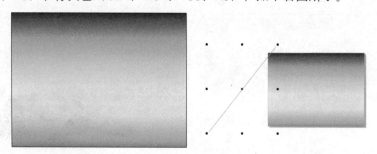

Step 03 选择所绘制的线段并按下组合键Ctrl+G，将其群组，然后向右拖动绘制的线段并同时单击右键，以复制群组后的线段，如下左图所示。

Step 04 多次按下组合键Ctrl+D，以同样的角度和距离再制更多的线段，如下右图所示。

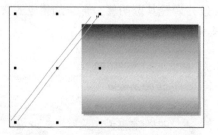

Step 05 选择所有线段并按下组合键Ctrl+G，将其群组。然后单击交互式透明度工具 ，对其应用相应属性的透明效果，以调整其色调，如下左图所示。

Step 06 选择群组后的线段并执行"效果>图框精确裁剪>置于图文框内部"命令，将线段放置在矩形容器内，以隐藏多余线段部分，如下右图所示。

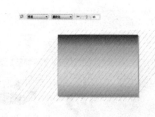

Step 07 单击矩形工具 ，在画面中间部分绘制一个矩形，然后按下F11键，在弹出的对话框中设置从中灰色（C56、M49、Y56、K0）到米白色（C2、M2、Y7、K0）的辐射渐变颜色，再调整其颜色滑块，如下左图所示。完成后单击"确定"按钮，如下右图所示。

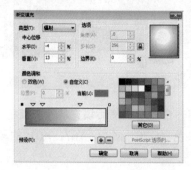

Step 08 打开"橄榄.cdr"文件，复制其中相应的橄榄图形并粘贴至当前图形文件，再调整其大小和位置，如下左图所示。然后执行"效果>图框精确裁剪>置于图文框内部"命令，放置橄榄至灰色矩形中，如下右图所示。

Step 09 单击交互式阴影工具 🔲，为灰色矩形添加相应的投影效果，如下左图所示。然后单击文本工具 🖳，在灰色矩形右端创建相应的文字，并设置其颜色为灰橄榄绿（C2、M2、Y7、K0），如下右图所示。

Step 10 按下组合键Ctrl+I，导入"人物.png"文件，并调整其大小和文字，如下左图所示。

Step 11 继续按照同样的方法在刚才创建的文字下方创建其他不同大小和颜色的文字，以增强该区域效果。然后按照同样的方法制作其他矩形页面并调整其大小和位置，如下右图所示。

Step 12 单击贝塞尔工具 🔲，在画面顶端相应位置绘制一个不规则四边形，添加其轮廓色为白色，并按下F11键，在弹出如下左图所示的对话框中设置从浅灰色（C36、M28、Y27、K0）到亮灰色（C0、M0、Y0、K20）的渐变颜色，完成后单击"确定"按钮，如下右图所示。

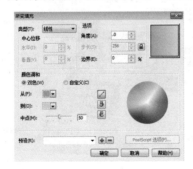 

Step 13 单击交互式阴影工具 📷，为四边形添加相应的投影效果，如下左图所示。然后按照同样的方法制作其他四边形效果，如下右图所示。

Step 14 单击文本工具 📝，在四边形内创建相应的白色文字，并使用交互式阴影工具 📷 分别为其添加投影效果，如下图所示。

Step 15 单击贝塞尔工具 📷，在画面左下角相应区域绘制一个图形，并填充从赭石色（C32、M71、Y99、K0）到灰橙色（C9、M53、Y67、K0）的辐射渐变颜色，如下图所示。

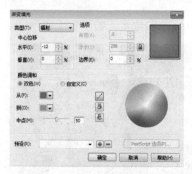 

Step 16 单击文本工具 📝，在所绘制的图形中创建一些白色和深赭色（C0、M60、Y60、K40）的文字，并对其稍作旋转调整，作为标签图形，如下左图所示。

Step 17 继续按照同样的方法，在画面左下角绘制其他图形并填充为相应的颜色，然后分别为其添加文字效果，以制作其他标签图形，如下右图所示。

Step 18 继续使用贝塞尔工具 在画面左下角沿背景矩形边缘绘制一个白色图形，如下左图所示。

Step 19 打开"橄榄瓶.cdr"文件，复制其中的橄榄瓶至当前图形文件中，并分别调整其位置，然后复制橄榄瓶并继续调整其大小和位置，以丰富画面效果，如下右图所示。

Step 20 单击矩形工具 ，在画面右端相应位置绘制一个矩形并使用形状工具 调整其边角，以制作圆角矩形。然后填充从深灰色（C0、M0、Y0、K90）到浅灰色（C0、M0、Y0、K20）的渐变颜色，如下图所示。

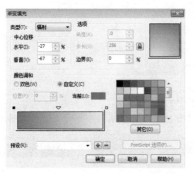

Step 21 单击交互式阴影工具 ，为圆角矩形添加相应的投影效果，如下左图所示。然后按照同样的方法绘制其他圆角矩形并调整其颜色，如下右图所示。

Step 22 继续在画面中其他区域绘制相应的图形并使用文本工具 创建相应的文字，以完善画面效果，如下图所示。至此，本实例制作完成。

Appendix

附 录
课后练习参考答案

Chapter 01

1. 选择题
（1）C　　（2）D　　（3）C
2. 填空题
（1）层叠、水平平铺、垂直平铺
（2）分页预览、指定对象
（3）页面属性

Chapter 02

1. 选择题
（1）D　　（2）C　　（3）A
2. 填空题
（1）Shift
（2）F5、Ctrl
（3）转换为曲线

Chapter 03

1. 选择题
（1）A　　（2）D
2. 填空题
（1）从桌面选择
（2）圆锥、正方形
（3）F12

Chapter 04

1. 选择题
（1）A　　（2）B　　（3）B
2. 填空题
（1）+ 、 +
（2）边界
（3）粗糙笔刷

Chapter 05

1. 选择题
（1）C　　（2）D　　（3）B

2. 填空题
（1）Ctrl+Q
（2）使文本适合路径
（3）首字下沉

Chapter 06

1. 选择题
（1）B　　（2）A
2. 填空题
（1）拉链变形 、扭曲变形
（2）大 、频繁
（3）设置轮廓图偏移方向、调整轮廓图颜色

Chapter 07

1. 选择题
（1）A　　（2）D　　（3）C
2. 填空题
（1）图像调整实验室
（2）通道混合器
（3）调和曲线

Chapter 08

1. 选择题
（1）C　　（2）C
2. 填空题
（1）动态模糊
（2）透视
（3）天气框

Chapter 09

1. 选择题
（1）B　　（2）A　　（3）A　　（4）D
2. 填空题
（1）CMYK
（2）黑白的矢量图
（3）一个照度（或亮度）组件 (L)，两个彩色组件以及
　　a（绿色到红色）和b（蓝色到黄色）
（4）F9
（5）3m